健康花草

养护大全

编 慢生活工坊

U0250924

海峡出版发行集团 | 福建科学技术出版社
THE STRAITS PUBLISHING AND DISTRIBUTING GROUP | FUJIAN SCIENCE & TECHNOLOGY PUBLISHING HOUSE

图书在版编目（CIP）数据

健康花草养护大全 / 慢生活工坊编 . —福州：福
建科学技术出版社，2016.6（2017.3 重印）
ISBN 978-7-5335-5002-8

Ⅰ.①健… Ⅱ.①慢… Ⅲ.①观赏园艺 Ⅳ.① S68

中国版本图书馆 CIP 数据核字（2016）第 077867 号

书　　名	**健康花草养护大全**	
编　　者	慢生活工坊	
出版发行	海峡出版发行集团	
	福建科学技术出版社	
社　　址	福州市东水路 76 号（邮编 350001）	
网　　址	www.fjstp.com	
经　　销	福建新华发行（集团）有限责任公司	
印　　刷	福州华悦印务有限公司	
开　　本	889 毫米 ×1194 毫米　1/24	
印　　张	8	
图　　文	192 码	
版　　次	2016 年 6 月第 1 版	
印　　次	2017 年 3 月第 2 次印刷	
书　　号	ISBN 978-7-5335-5002-8	
定　　价	32.00 元	

书中如有印装质量问题，可直接向本社调换

PREFACE 前言

　　人们的生活品质提高之后，健康越来越被人们所重视，健康花草也开始进入人们的视野。健康花草不仅是现代都市快节奏生活的调剂品，还是人们追求、向往大自然的媒介，一本关于健康花草养护的书籍也就容易被人们知晓和接受。

　　花草确实具有吸附有害气体的功能，但并不是每一种植物都能吸收有害气体，一种植物可以吸收所有的有害气体更是不可能。有些植物非但不能吸收有害气体，其本身还具有毒性，消费者在选购花草植物时不能盲目相信花商的宣传。比如：夜来香香气独特、芬芳怡人，不过，夜来香的花粉易引起过敏，引发皮肤炎症；薄荷能清新空气，但不能杀菌；滴水观音的净化空气能力相对较差，其叶有毒；迷迭香只是气味好闻，无法去除甲醛。懂得取舍，也是生活中的一大窍门。

　　本书是综合性较高的健康花草养护图书。涉及的花草品种很多，并根据其功效的不同来进行分类，很有实用价值。此外，书中还涉及花草的装饰要点、功效分析等，版式清新又富有变化，不仅有较高的实用价值，也有较高的观赏价值。

　　参加本书编写的包括：李倪、张爽、易娟、杨伟、李红、胡文涛、樊媛超、张严芳、檀辛琳、廖江衡、赵丹华、戴珍、范志芳、赵海玉、罗树梅、周梦颖、郑丽珍、陈炜、郑瑞然、刘琳琳、楚晶晶、赵静宇、惠文婧、赵道强、袁劲草、钟叶青、周文卿等。由于作者水平有限，书中难免有疏漏之处，恳请广大读者朋友给予批评指正。若读者有技术或其他问题可通过邮箱xzhd2008@sina.com和我们联系。

CONTENTS 目录

CONTENTS **目 录**

Chapter
05 促进睡眠
的植物

Chapter
06 增强食欲、增加
欢乐气氛的植物

Chapter
07 驱逐蚊虫的植物

Chapter

01

走进健康花草
的神奇世界

花草植物有着神奇保健功效，读完本
章您将对其有一个初步的了解。本章
还阐述了花草养护的工具、盆器、土
壤、水分等方面的内容。

植物神奇功效之一：吸收有害气体

　　植物在生活中随处可见，不仅很多人在家庭中喜欢养些花花草草，城市规划中，植物也起着不可或缺的作用。植物的功效有很多，其中有一项既实用且经常被大家实践，就是吸收装修后房屋内的有害气体。

　　新装修的房屋中都会带有很多的有害气体，如苯、甲醛、三氯乙烯、硫化氢、氟化氢、乙苯酚、乙醚等，这些有害气体如果让其慢慢散发，需要等待很久，而借助植物的力量就会快得多了，因为很多植物能够吸收空气中的有害气体，这类植物的代表有：芦荟、绿萝、常春藤、吊兰、散尾葵等。

　　绿萝能有效吸收空气中甲醛、苯和三氯乙烯等有害气体，相当于一个空气净化器，新装修好的居室中，每8～10平方米的房间放置一盆绿萝就足够了。

　　芦荟也是吸收甲醛的好手，每株芦荟可以吸收1立方米空气中所含的90％的甲醛，除此之外，芦荟还有吸收空气中异味物质的功效，食用或外敷还有美容的效果。

　　散尾葵不仅能吸收空气中的有害化学物质，还是保持室内湿润的能手，被誉为"最有效的空气加湿器"。

　　除了以上提到的植物外，在室内种植一些虎尾兰、龟背竹、一叶兰等叶片硕大的植物，都能有效地吸收空气中的多种有害气体，使人居住在一个健康无害的环境中。

植物神奇功效之二：净化空气

　　现代科技的不断发展，给人们的生活带来了很多积极的改变，但也伴随着一些问题，就是工业污染或汽车尾气等因素造成的空气质量的下降，例如城市中的雾霾。二氧化硫、氮氧化物和可吸入颗粒物都是雾霾的主要组成部分，短期或长期处于这些雾霾中，眼睛和支气管都会受到伤害。不仅是雾霾，日常生活中，吸烟、暖气、烹饪设备、办公机器以及建筑材料的磨损所造成的粉尘都是有害身体的物质，而在环境中摆放一些植物能够很好地阻隔或吸收这些物质，达到净化空气的效果。具有这类功效的植物有很多，例如吊兰、栀子花、玫瑰、菊花、兰花、米兰、一叶兰等，都是居家摆放的好选择。

植物神奇功效之三：帮助睡眠

　　现代社会压力大，由于各种原因导致失眠的人越来越多，而一些植物则可以起到帮助睡眠的功效，下面就进行简单的介绍。

　　提到能帮助睡眠的植物，首先要说的就是薰衣草，薰衣草不仅作为观赏性花卉一直深受世人的欢迎，其香气更能使人身心放松，有安神、提高睡眠质量的神奇作用。有条件的还可以利用薰衣草来制作一些薰香、薰灯，但需要比较好的原料，如果掺杂有害物质，反而会影响身体健康。

　　迷迭香作为香料在西餐中很常见，同时它也是舒缓神经的好帮手。此外，用迷迭香来泡茶喝，还能起到提神、舒缓压力和改善头痛的作用，唯一的不足之处是迷迭香的种植养护比较困难，需要你悉心地照顾。

植物神奇功效之四：增加食欲

　　前面提到的植物能净化空气、帮助睡眠等功效，相信大家都能理解，但说植物能增加人的食欲是不是有些夸大其词呢，下面就来为大家解决这个疑惑。

　　工作压力大、身体不适、小儿厌食等都是食欲不振的原因，与其到处寻找药物来解决，倒不如换个浪漫的方式，也许，只需几株植物就能帮助你。这主要是通过植物的美观与香味等，使人身心愉悦，从而达到增加食欲的效果。那具体要怎么做呢？

　　餐桌是餐厅摆放植物的重点地方，摆放在餐桌上的植物首先要有十足的美感，其次尽量不要选择易落叶的花草。合欢花具有其独特的香味及美态，绝对是餐厅摆放植物的不二之选，其淡淡的幽香会让在餐厅进餐的你和你的家人增添气氛并刺激食欲。

植物神奇功效之五：驱逐蚊虫

　　夏日炎炎，让人烦躁的不光是高温，还有蚊虫的滋扰，它会直接影响学习和工作的效率以及睡眠状态，在身边放一些特殊的植物，会帮你有效地驱逐蚊虫。

　　首先就是猪笼草，猪笼草是典型的食虫植物，其叶片顶端挂着一个长圆形的"捕虫瓶"，就是捕杀蚊虫的一大利器，有了猪笼草在身边，你再也不用担心蚊虫会来找你的麻烦了。

　　天竺葵也是驱蚊虫的好手，与猪笼草不同，它的武器是自身的特殊气味，这种气味能使蚊蝇闻味而逃。

　　其实能驱逐蚊虫的植物还有很多，植物的功效也不止提到的这几点，就让我们在书中慢慢地探寻吧。

室内花草健康摆放

阳台植物摆放

阳台植物生长过程中会自发进行光合作用与呼吸作用，可以调节室内大环境的温度和湿度。在炎热的夏季可以降低气温，在寒冷的冬季则可以缓解室内的干燥问题。针对灰霾天气造成的空气污染，在阳台摆放一些能吸附灰尘或吸收有害气体的植物，则可以有效净化室内空气，大大减少空气污染的危害，创造一个良好的家居环境，提高生活质量。

在阳台上可选择常春藤、吊兰、橡皮树、龟背竹、长春蔓、散尾葵、铁树、绿萝等植物，这些植物除尘效果特别优秀，它们可以有效清除空气中的甲醛、二氧化碳、二氧化硫、一氧化碳、氯气、乙烯等有害气体。

客厅植物摆放

客厅是家中日常活动、招待来客的场所。因此适当摆放一些观赏植物是十分适宜的。植物的摆放应不妨碍人们走动，错落有致的好搭配会使植物和整个大环境相得益彰，使视觉效果更佳。

从净化室内空气的功能考虑，客厅可摆放吊兰、虎尾兰、常春藤、龙舌兰等，此外客厅还可以摆放抗辐射观赏植物，例如：仙人掌、宝石花、景天等多肉植物；驱虫杀菌观赏植物，例如：晚香玉、除虫菊、野菊花、紫茉莉、柠檬、紫薇、茉莉、兰等。

卧室植物摆放

卧室是人们日常休息、睡觉的主要场所，对人们生活质量起到决定性的作用。宁静、舒适、温馨、整洁是最理想的生活环境。在卧室中，适宜摆放一些色淡、微香的植物。

如果从调节环境的角度出发，千年木、常青藤、吊兰、垂叶榕、仙人掌、鸭掌木等植物皆十分适宜在卧室养护，它具有吸收空气中的一氧化碳、二氧化硫、甲醛、乙醚、二甲苯等有害气体，增强空气对流的功能。

书房植物摆放

书房作为学习阅读休息的最佳场所，应该具有安静优雅而且环境舒适的特点。

书房中会有电脑的辐射或者一氧化碳、二氧化硫等有害气体，摆放一些旺气类植物，可以缓慢地吸收环境中对人体有害的气体，对人体健康有益。山茶、紫薇花、石榴、凤眼莲、小桂花，小叶黄杨等这些植物四季常绿，适合书房摆放。

卫生间植物摆放

卫生间相对较为潮湿，容易滋生细菌等有害物质。在卫生间适合摆放具有吸潮、杀菌功能的植物，它不仅可以增添情趣，还可以起到吸纳污秽之气的作用。

厨房植物摆放

厨房内摆放一些植物不仅可净化空气，改善入厨人的心情，还可以让你做出上好的食来。厨房温湿度变化较大，应选择一些适应性强的小型盆花，如三色堇等。但是厨房不宜选用花粉太多的花，以免开花时花粉落入食物中。

厨房中飘浮微粒及烟尘较大，因此适合在厨房中摆放的植物有：兰、桂花、腊梅、花叶芋、红背桂等，这些植物是天然的除尘器，它们的纤毛能截留并吸滞空气中的飘浮微粒及烟尘。

儿童房植物摆放

在儿童房内摆放植物一定要注意植物是否具有毒性，以防止儿童中毒；其次不能放带刺的植物，以免婴幼儿好动去触碰而受伤；第三，不要放有刺激性气味的植物，容易过敏的宝宝要特别注意这点，如果引起小孩过敏，则可谓是得不偿失。

植物的花粉如果在室内环境飘浮，可能会刺激儿童稚嫩的皮肤，以及导致呼吸系统的器官发生问题，从而产生过敏反应，所以应保持室内通风良好且环境整洁。另外，植物的泥土及枝叶容易滋生蚊虫，对儿童的健康也不利。对于这些泥土及植物残枝，要做到及时处理。

花草养护必不可少的小工具

养花需要有专用的养花工具，以便于花卉的日常管理，常见的有浇水器、剪刀、铲子、填土器等。

喷水壶：给叶片喷水或者除虫时使用。

填土器：用来填放培养土和颗粒介质等的工具。

铲子、耙子：混合盆土、添加土或者施肥时使用。

剪刀：用来修剪株形，剪取枯老黄叶的工具。

竹签：竹签的主要作用是用来疏松盆土和移栽小苗，还可以用来搭架固定植物。

手套：修剪或者日常养护时为了保护手而使用。

容器与植物的搭配

　　花卉与容器的组合搭配很大程度是根据个人爱好、品味来选择的，没有一定的标准，但还是有一些基本要点需要注意。

　　首先在风格搭配上要赏心悦目，花卉的风格主要由其造型、颜色、大小决定，而容器的风格主要由其形状、造型、大小、色彩和质感决定。一般而言，植物越小越要注重其高度是否与容器等高，这样才能显得不突兀，确定两者相宜是搭配成功的第一步。

　　其次是花卉的形态，它也是决定用什么容器来养护的重要因素，花卉的形态主要有：直立型如虎尾兰、朱蕉；丛生型如仙客来、凤仙花；悬垂型如常春藤、绿萝。直立型花卉植物适合选用圆形容器或中等高度的方形容器；丛生型适合选用低矮容器；悬垂型适合选用吊篮或塑料容器。

　　最后是每个人在选择容器时，要多试才能选出最搭配的容器。容器的价格是不容忽视的一个因素，应量力而行。

花草容器的种类

　　陶质容器：是用陶土（黏土）制作的盆状器皿，外形美观雅致，适合客厅、居室陈设，破损率较低，不褪色，不变形，保水性好，美中不足的是透气性略差。

　　金属容器：金属容器也是种植花卉的一种选择，主要是铁质容器，要注意生锈的问题。

　　瓷质容器：瓷质容器包括白瓷、黑瓷、彩瓷等，优点是美观轻便，缺点是透气性不佳。

　　塑料容器：塑料容器是市面上很常见的一种种植花卉的容器，质地轻、价格便宜，但坚固性不是很强。

　　石质容器：石质容器在养殖花卉时也不算常见，因为其质地沉重，不易移动，因此适合用来进行特殊的造景，如打造迷你园林景观。

　　木质容器：木质容器是一种独具特色的容器，用来种植花卉别有一番情趣，但容器易滋生虫害，要注意防治。

　　玻璃容器：玻璃容器在种植花卉中运用得不是很多，算是一种比较有创意的容器，搭配合适的话会产生意想不到的效果。

　　其他容器：除了常规的容器外，还可以巧用生活中的各种物品来自制容器，这样不仅能获得制作的快感，还能产生独一无二的作品。

养护花草五大关键词之土壤

土壤的分类

矿物质

土壤矿物质是岩石经过风化作用形成的不同大小的矿物颗粒(砂粒、土粒和胶粒)。土壤矿物质种类很多，化学组成复杂，它直接影响土壤的物理、化学性质，是作物养分的重要来源之一。

微生物

土壤微生物的种类很多，要抑制有害菌，才能利用这些菌产生植物需要的一些养料。如进行有效的阳光照射后，细菌、真菌、放线菌、原生动物被有效地杀灭，腐体可作养料。

有机质

有机质含量的多少是衡量土壤肥力高低的一个重要标志，它和矿物质紧密地结合在一起。分为新鲜有机质、半分解有机质和腐殖质。腐殖质是指新鲜有机质经过酶的转化所形成的灰黑土色胶体物质，通过阳光杀灭了致病的有害菌、病毒、寄生虫后，保留其营养物质的土壤。

花卉种植的土壤选择

疏松

指土壤团粒结构要好，疏松通气，有利根系生长发育，如泥炭土、腐叶土。

肥沃

指土壤富含有机质，这类植物对养分要求较高，要注意补充肥料。

排水良好

指土壤不能积水，否则对根系生长抑制，影响植株正常生长发育。如一些多肉植物、肉质根类等，基本是需要排水良好的土壤。

不择土壤

这类植物习性较强，对土壤没有特殊要求，在大多数土壤中均能生长良好。如在培育菜园土、腐叶土、田园土中均能良好生长。

主要土壤类型

蛭石：又称为蛭土，经过高温处理，能够提高土壤的储水能力，为土壤提供养分。

珍珠土：将珍珠岩磨细，经过高温处理的土，其透气性与排水性较佳。

腐叶土：落叶经过发酵并腐熟的土壤，可提高花土的排水性、通气性与锁水性。

赤玉土：由火山灰堆积而成的，不规则圆形颗粒状的土。具排水、透气、保水、保肥皆佳的特点。干燥后的赤玉土分为大粒、中粒和小粒。

园土：园土肥力较高，团粒结构好，是配制培养土的主要原料之一。缺点是干时表层易板结，湿时通气透水性差，一般不单独使用。可混合蜂窝煤使用。

河沙：河沙主要是直径为2～3毫米的沙粒，呈中性。沙粒中不含任何营养物质，具有很好的排水性和透气性。

泥炭土：苔藓培养基主要需要考虑附着苗床的作用，而泥炭土简单来说是还没有形成煤炭的碳泥，保水力佳，肥力强，透气性好且质地疏松。

鹿沼土：不论是用于专业生产还是家庭栽培或土壤改良，鹿沼土均有良好的效果。鹿沼土可单独使用，也可根据植物喜好，与泥炭土、腐叶土、赤玉土等其他介质混合使用。

纯天然营养土：纯天然营养土取自于峨眉山，是纯天然的培养基料，其颗粒结构好，保湿透气性佳，营养全面均衡，能促根壮苗，也可用于微景观铺底介质。

养护花草五大关键词之水分

　　浇水是植物管理的一项最普通、最基本的工作，看似简单，其实是最难掌握、最为严格的工作。如果不给植物浇水，植物会枯死。但浇水太多和缺水一样，也会对植物造成伤害。给植物浇适量水就像让其健康饮食一样，凡事都应适度。

▲ 浇水过多

▲ 正常浇水

▲ 浇水不足

 用手指轻轻地敲击花盆中部的盆壁，若敲击声音清脆，说明花盆中的土已经很干了，需要马上浇水。若声音沉闷，说明花盆中的土比较潮湿，不需要立即浇水。

 用眼睛看花盆表面土的颜色是否发生变化，若土的颜色比较浅或呈灰白色，说明花盆中的土需要浇水了。若土变深或呈褐色时，说明花盆中的土是潮湿的，不需要马上浇水。

 将手指插入花盆的土中，约2厘米处摸一下土壤，若土比较干燥或坚硬，说明花盆中需要立即浇水了。若感觉花盆中的土比较湿润，就无需立即浇水了。

 用手指捏捻，如果捏捻的土壤呈粉末状，说明花盆中的土缺水，需要马上浇水。如果捏捻时土壤呈团粒状，说明花盆中的土很湿润，不需要立即浇水。

注意事项

　　盆土不是太干就不会影响树木的生长。但是在夏日，水浇不足会造成盆土表层温度低、盆土底层温度高的状况，极易引起烂根。因此，遇此情况必须浇足水，使盆土充分降温，达到保护根系的目的。

　　但浇水不能过勤。过勤盆土太湿，土内空气被排斥，长期得不到补充，易造成根部缺氧引起腐烂。烂根后进而影响吸水，长期如此恶性循环，盆树必死无疑。如已有烂根现象，最好将烂根减去，并修剪枝叶后重新种植，经细心养护尚可望复原。

养护花草五大关键词之温度

　　各种植物的生长、发育都要求有一定的温度条件，植物的生长和繁殖要在一定的温度范围内才能进行。在此温度范围的两端是最低和最高温度，低于最低温度或高于最高温度都会引起植物体死亡。最低与最高温度之间有一最适温度，在最适温度范围内植物生长繁殖得最好。

▲ 冻害

▲ 适温

▲ 高温伤害

　　温度低于一定数值，植物便会因低温而受害。据其原因可分为冷害、霜害和冻害三种。冷害是指温度在零度以上仍能使喜温植物受害甚至死亡，即零度以上的低温对植物的伤害。霜害则是指伴随霜而形成的低温冻害。在相同条件下降温速度越快，植物受伤害越严重。植物受冻害后，温度急剧回升比缓慢回升受害更重。低温期愈长，植物受害也愈重。

　　植物生长的最适温度，是指生长最快的温度，但这并不是植物生长最健壮的温度。因为在最适温度下，植物体内的有机物消耗过多，植株反倒长得细长柔弱。因此常常要求低于最适温度的温度，这个温度称协调的最适温度。

　　当温度超过植物适宜温区上限后，会对植物产生伤害作用，使植物生长发育受阻，特别是在开花结实期最易受高温的伤害，并且温度越高，对植物的伤害作用越大。

注意事项

　　各类植物能忍受的最高温度界限是不一样的。一般说来被子植物能忍受的最高温度是49.8℃，裸子植物是46.4℃。有些荒漠植物如生长在热带沙漠里的仙人掌科植物在50～60℃的环境中仍然能生存。温泉中的蓝藻能在85.2℃的水域中生活。植物能忍受的最低温度，因植物种类的不同而变化很大。热带植物生长的最低温度一般是10～15℃，温带植物生长的最低温度在5～10℃。寒带植物在0℃，甚至低于零度仍能生存。

养护花草五大关键词之光线

　　光照是植物生长的基础，植物只有在光的照射下才能进行光合作用，才能生成植物生长所需的各种有机物质。光照对于植物，就像空气对于人类一样，具有十分重要的作用。草本身没有感觉温度变化的器官，但是通过阳光传递给他们信号，也能够预知季节的变化,相应地调节它们生长和开花的节奏。

▲长日照植物

▲中间日照植物

▲短日照植物

 　　每天的光照时数超过一定限度（14～17小时）以上才能形成花芽。光照时间越长，则开花越早。凡具有这种特性的植物即称为长日照植物。生长在纬度超过60°地区的植物大多数是长日照植物。

 　　植物在生长发育过程中，对光照长短没有严格的要求，只要其他生态条件合适，在不同的日照长短下都能开花。这种特性的植物称为中间日照植物，如蒲公英等。

 　　植物生长发育过程中，需要有一段时间白天短（少于12小时，但不少于8小时）、夜间长的条件。在一定范围内，暗期越长，开花越短。具有这种特性的植物称为短日照植物。许多原产于热带、亚热带和温带春秋季节开花的植物大多数属于此类。

注意事项

　　大部分观花的植物都喜爱阳光，因为绿色植物都要吸收阳光的能量，同化二氧化碳和水，制造有机物质并释放出氧气，进行"光合作用"。没有光线就没有光合作用，没有光合作用的植物就不能生长，所以光照是养好家养植物的第一要素。我们摆放花盆的时候应该考虑选择朝南阳台、庭院那样光照充足的地方，出于装饰目的要把花盆搬到室内的话，也要记得过一段时间把它拿到室外透透气，见见光，或者挪到靠近窗口有光的地方。

养护花草五大关键词之养料

植物已知需要碳、氢、氧、氮、磷、钾、钙、镁、硫、铁、锰、锌、铜、钼、硼、氯等16种元素，其中碳、氢、氧从空气中获得，其余的元素从土壤和肥料中获得，被称为矿质营养元素。在植物的必需营养元素中，碳、氧来自空气中的二氧化碳，氢和氧来自水，而其他的必需营养元素几乎全部来自土壤。一般的植物在种植时施基肥，生长期施追肥。

▲土壤中有机肥

▲饼肥

▲稀释肥

春 冬季气温低，植株生长缓慢，大多数花卉处于生长停滞状态，一般不施肥。

夏 春秋季正值花卉生长旺期，根、茎、叶增长，花芽分化，幼果膨胀，均需要较多肥料，应适当多追肥。

秋 秋季一般是植物持续开花或结果期，和春季一样，需要多施肥（经过稀释的淡肥）。

冬 夏季气温高，水分蒸发快，又是花卉生长旺盛期，追肥浓度宜小，次数可多些。

注意事项

施肥的目的在于补充土壤营养物质的不足，满足花卉生长发育过程对营养元素的需求。家庭养花常采用盆栽方式。盆花养护与露地栽培花卉对肥料的要求有所不同。盆花除要求肥料中养分齐全外，还要求养分释放慢，肥效长和无毒、无臭味、不污染环境。目前室内养花常用的有机肥主要有饼肥、骨粉、草木灰等。另外叶面施肥以早晨或傍晚为宜，因为晨夕叶面常有露水，溶液易被吸收。

Chapter

02

装修完毕的房间
所适合的植物

新装修的房子，或浓或淡总会有一些异味。如何清除异味，方法很多，最好的方法是让房间通风。有选择地在新居内摆放一些植物，对净化空气更有帮助。

虞美人
Field Poppy
罂粟科罂粟属

- 🌱 土壤：排水良好、肥沃的沙质土壤
- 💧 水分：忌高湿（湿润即可）
- 🌡 温度：13~22℃
- ☀ 阳光：喜阳光充足

形态特征

　　虞美人，又名丽春花、赛牡丹、满园春、仙女蒿、虞美人草，罂粟科罂粟属草本植物，茎直立生长，全株被疏毛，叶互生椭圆形。花开直立向上生长，花的萼片有2枚并带有刺毛，花瓣4片呈圆形，花瓣薄而又光泽；花色有红、橙、黄、白、紫、蓝等颜色，浓艳华美。

产地

　　原产于欧亚温带大陆，在中国有大量栽培，现已引种至新西兰、澳大利亚和北美。

植物文化

　　虞美人在古代寓意着生离死别、悲歌，也有英雄惜英雄之意。现代白色的虞美人象征着安慰与高傲圣洁。红色虞美人代表着极其的妩媚妖娆，而毒性极强。

浇水

刚栽植时，控制浇水，以促进根系生长。现蕾后充足供水，保持土壤湿润。在开花前，每间隔3天向叶面喷水。

施肥

播种时，要施足底肥。在开花前应施稀薄液肥1~2次，现蕾后每间隔3天叶面喷施一次磷酸二氢钾液，进行催花。开花后及时剪去凋萎花朵，花期忌施肥。

繁殖

虞美人的发芽适温在15~20℃。播种后一周左右出苗，因种子很小，苗床土必须整细，播后不覆土，盖草保持湿润，出苗后揭开杂草。出苗后定植，行距在30厘米左右，待长到5~6片叶时，选择阴天浇透水，再移植。小苗要带土团移栽，移栽后适当遮阴，保持土壤湿润。经常做松土工作，雨后要及时排水。

病虫防治

若施氮肥过多，植株过密或多年连作，会出现腐烂病，需将病株及时清理，再在原处撒一些石灰粉即可。虞美人虫害不多，但有时会遭金龟子幼虫、介壳虫为害，若发现可用氧化乐果喷除，每隔7天喷施两次即可灭虫。常见病害有苗期枯萎病，用托布津可湿性粉剂液喷洒。

健康小偏方

原料： 虞美人鲜花3~5朵（6克）。
步骤： 将新摘的鲜花用清水洗净，放入锅中煎。
作用： 清热、润燥、止痛、止痢疾。

价值作用

虞美人不但花美，而且药用价值高。入药叫雏罂粟，有毒，有镇咳、止痛、停泻、催眠等作用，其种子可抗癌化瘤，延年益寿。

绿饰应用

虞美人的花色多样，绚丽如绸缎，颇为美观，适用于盆栽或做切花。又因其有相当长的开花期，具有很高的观赏价值。可长期布置于光线充足的窗台、花架、书桌、餐桌、茶几、梳妆台以及卫生间内，增添装饰效果。

禁忌

虞美人对硫化氢反应极其敏感，如被侵袭，叶子会发焦或有斑点，而且它还具有防尘免打理、去异味、除甲醛、乙醛、苯、氨气等有害气体的功效，是新房装修入住的装饰法宝。可放置于有阳光照射的阳台上培养，既具有观赏性又环保。

02 虎尾兰

Snake Plant

百合科虎尾兰属

🌥 **土壤**：排水较好的沙质土壤

💧 **水分**：不可过湿

🌡 **温度**：10～30℃

☀ **阳光**：喜光又耐阴

形态特征

　　虎尾兰，别名虎皮兰、虎尾掌、千岁兰、锦兰，为百合科虎尾兰属植物，正反两面具白色和深绿色的横向云层状条纹，状似虎皮，表面有较厚的蜡质层。花带香味，花小繁多但不结实。主要种类有金边虎、短叶虎、银短叶虎尾兰、金边短叶虎尾兰、石笔虎尾兰、葱叶虎尾兰。

产地

　　原产于非洲西部和南部，主要分布在非洲热带和印度，中国各地亦有栽培。

植物文化

　　虎尾兰，对环境的适应能力强，是一种坚韧不拔的植物，代表坚定、刚毅、虎虎生威，因其别名千岁兰，故又象征长寿。按风水学说，虎尾兰是生旺的常绿植物，非常适合种植在阳台或者旺位，增加家里的财气，生财旺财，是很好的风水植物。其中的金边虎尾兰，有富贵、招财之寓意。

浇水

由春至秋生长旺盛，应充分浇水。冬季休眠期要控制浇水，保持土壤干燥，浇水要避免浇入叶簇内。用塑料盆或其他排水性差的装饰性花盆时，要切忌积水，以免造成腐烂而使叶片以下折倒。

施肥

虎尾兰要以园土3份、煤渣1份、少量豆饼屑作基肥。在生长盛期，每月可施1～2次肥，施肥量要少。如果长期只施氮肥，叶片上的斑纹就会变暗淡，故一般使用复合肥。也可在盆边土壤内均匀地埋3穴熟黄豆，每穴7～10粒，注意不要与根接触。从11月至第二年3月停止施肥。

繁殖

虎尾兰适合用扦插繁殖。将成熟的叶片横切成8厘米左右的小段，阴凉1～2天后直立插于干净的沙中，插入3～4厘米即可。插后注意保持一定的湿度，当扦插基质稍干后，用细眼喷壶喷水，不宜过湿，以免腐烂。然后放于有散射光、空气流通的地方。夏季，插穗一月左右可长出不定根，之后从其基部萌发出新芽。待新芽长出叶子后，便可连插穗一起上盆移栽。其他季节扦插，生根的时间相对要长些。只要气温在15～25℃，何时扦插都可。

不同品种的虎尾兰

原料：虎尾兰叶25～50克。
步骤：内服：煎汤。外用：捣敷。
作用：清热解毒；活血消肿。

价值作用

虎尾兰不但具有很高的观赏价值，而且它的叶子：酸，凉。具有清热解毒、祛腐生肌的功效。可用于感冒咳嗽、咳嗽痰喘，跌打损伤，痈疮肿毒，毒蛇咬伤等病症。

绿饰应用

虎尾兰具有很高的观赏价值，可用于盆栽观赏及花坛布置，适用于家庭、办公环境的装饰，对美化环境，净化空气等起到良好的作用。研究表明，虎尾兰可吸收室内80%以上的有害气体，吸收甲醛的能力超强，并能有效地清除二氧化硫、氯、乙醚、乙烯、一氧化碳、过氧化氮等有害物。并且虎尾兰堪称卧室植物，即便是在夜间它也可以吸收二氧化碳，放出氧气。

病虫防治

虎尾兰易生细菌性软腐病、炭疽病、镰孢斑点病、矢尖蚧等病虫害，致使植物枯萎或停止生长。针对不同的症状可采取喷洒药物，或利用天敌，抑制危害。越冬期间喷施石硫合剂，可减少来年病源。

03 铁树

Cycas revoluta
苏铁科苏铁属

🌱 **土壤**：肥沃、微酸性的沙质土壤

💧 **水分**：适量浇水

🌡 **温度**：10～30℃

☀ **阳光**：喜光又耐阴

形态特征

铁树，又名苏铁、凤尾铁、凤尾蕉、凤尾松，苏铁科苏铁属。铁树只有根、茎、叶和种子，没有花这一生殖器官，花就是它的种子。主要种类有：篦齿苏铁、叉叶苏铁、台湾苏铁、华南苏铁等等。

产地

分布在中国福建、台湾、广东、江西、云南、广西、贵州及四川东部等地。日本南部、菲律宾和印度尼西亚也有分布。

植物文化

苏铁植物是现存于地球上最古老的种子植物，其生长需要大量的铁元素，即使是衰败垂死的苏铁，只要用铁钉钉入其主干内，就可起死回生，重复生机。具有坚贞不屈、坚定不移、长寿富贵、吉祥如意的寓意。

日常养护

浇水

春夏季叶片生长旺盛时期，特别是夏季高温干燥气候要多浇水，早晚一次，并喷洒叶面，保持叶片清新翠绿。入秋后可2～5天浇水一次。冬天浇水间隙需更长些，少浇水，盆土可偏干些为好。生长期间浇水要充足，新叶旺盛生长时应经常保持盆土湿润，并在早晚喷洒水，保持叶片清新。要注意盆内不能积水，否则会引起烂根烂茎；但盆土过干，会使叶片发黄枯萎。

施肥

生长期每月可施1～2次复合肥或尿素。每年早春施花生麸一次，花生麸可不用水沤制直接施于盆面上或埋于盆土里。家庭每天煮饭前的洗米水，不要沾有油渍，用桶、盆盛装，翌日作液肥浇灌，具有一定的肥效。

繁殖

苏铁可以扦插繁殖，选择3年以上的或有4～5片叶子的茎基部的萌生蘖芽做繁殖材料。栽于素沙中，深度为蘖芽高度的1/2。待新叶全部展开时，移入培养土内进行管理。栽好后，浇透水，放置半阴处，待成活后逐步接受阳光。

健康小偏方

原料：铁树的叶、花50～100克；种子、根15～25克。

步骤：四季可采根、叶，夏季采花，秋冬采种子，晒干。

作用：凉血止血，散瘀，调经。

价值作用

苏铁为优美的观赏树种，栽培极为普遍，茎内含淀粉，可供食用；种子含油和丰富的淀粉，微有毒，供食用和药用，有治痢疾、止咳和止血之效。具有吸收二氧化硫、过氧化氮、苯、氟、汞蒸气、铅蒸气等有毒有害气体的功效。

绿饰应用

苏铁树形古雅，主干粗壮，坚硬如铁；羽叶洁滑光亮，四季常青，为珍贵观赏树种。南方多植于庭前阶旁及草坪内；北方宜作大型盆栽，布置在庭院屋廊及厅室中，殊为美观。而且铁树还能去除香烟、人造纤维释放的苯，有效分解地毯、绝缘材料、胶合板中的甲醛和藏匿于壁纸中的二甲苯等有害物质。

病虫防治

铁树易生斑点病、介壳虫等病症，且会出现黄叶。斑点病发病期喷波尔多液或百菌清可湿性剂，约隔10天喷一次。介壳虫病用水棉球浸湿米醋擦拭，可将介壳虫擦掉杀灭。黄叶的原因很多，因情况而定。

04 龙舌兰

Agaveamericana

龙舌兰科龙舌兰属

- 🌱 **土壤**：疏松、肥沃、排水良好的壤土
- 💧 **水分**：不苛刻
- 🌡 **温度**：喜温暖，不能低于5℃
- ☀ **阳光**：喜光又耐阴

形态特征

　　龙舌兰又名龙舌掌、番麻，是龙舌兰科龙舌兰属多年生常绿植物。植株高大，叶色灰绿或蓝灰，基部排列成莲座状。叶缘刺最初为棕色，后呈灰白色，末梢的刺长可达3厘米。花梗由莲座中心抽出，花黄绿色。主要品种有：金边龙舌兰、银边龙舌兰、金心龙舌兰、小花龙舌兰、雷神、剑麻和鬼脚掌等。

产地

　　原产于美洲墨西哥，中国福建、海南、广东、广西、云南等地也有分布。

植物文化

　　龙舌兰经济价值较大，有些种类还含有甾体皂苷元，是生产甾体激素药物的重要原料；有些种类的纤维通称龙舌兰麻类，是世界著名的纤维植物之一；另一些种类栽培供观赏。叶内的纤维为硬质纤维之一，强韧耐腐，可编绳索和大缆，适为航海用。

日常养护

浇水

春夏生长期间必须给予充分的水分，两天一次浇透水。入秋后应少浇水，盆土以保持稍干燥为宜。冬季休眠期中，龙舌兰不宜浇灌过多的水分，否则容易引起根部腐烂。龙舌兰比较喜欢偏干的生长环境，盆土的排水工作一定要做好。

施肥

盆栽时通常以腐叶土加粗沙混合，无需加基肥。生长季节两星期施一次稀薄肥水。由于龙舌兰对于环境的适应能力非常强，纵然在相当贫瘠的土壤上，也不会影响到植株的发育。不过，介质肥沃仍会使龙舌兰生长得更为良好。施肥的次数每年一次为宜，切勿经常喷洒肥料，否则容易引起肥害。

繁殖

龙舌兰适合用分株繁殖，一般在4月份进行，把母株周围的分芽分开，另行栽植。栽后的幼株放在半阴处，成活后再移至光线充足的地方。龙舌兰在有加温的环境中一年四季均可进行水培，水培时需要去其所有的根系，用消毒液消毒，再用生根液浸泡一定时间，然后时常放到阳光好的地方，换水的时候可以用12~18℃的温水进行换水。

金边龙舌兰

金心龙舌兰

价值作用

龙舌兰可以酿酒，龙舌兰酒由龙舌兰蒸馏调和而成，醇厚浓郁、口味平缓，并呈天然金黄色。酒的热量具有减肥的功效。

绿饰应用

龙舌兰叶片坚挺美观、四季常青，园艺品种较多。常用于盆栽或花槽观赏，适用于布置小庭院和厅堂。对于新装修的房间，它不但可以消灭甲醛和三氯乙烯，还可以直接吞食苯，净化空气的同时又让家里绿意盎然，简单的一盆龙舌兰给人们的生活带来很大的愉悦。

病虫防治

常发生叶斑病、炭疽病和灰霉病，可用退菌特可湿性粉剂液喷洒。有介壳虫危害，用敌敌畏乳液喷杀。

05 仙人掌

Opuntia stricta
仙人掌科仙人掌属

- ☁ **土壤**：排水透气良好、含石灰质的沙土或沙壤土
- 💧 **水分**：少浇水
- 🌡 **温度**：20～30℃
- ☼ **阳光**：喜阳光

形态特征

　　仙人掌，又名观音掌、仙巴掌、霸王树、龙舌等，是仙人掌科仙人掌属的一种丛生肉质灌木。植株上部分枝有宽倒卵形、倒卵状椭圆形或近圆形，先端圆形，边缘通常不规则波状，基部楔形或渐狭，绿色至蓝绿色，无毛。主要种类有：球形仙人掌类、团扇仙人掌类、段型仙人掌类、蟹爪仙人掌等等。

产地

　　主要产于南美、非洲、中国南方及东南亚等热带、亚热带地区的干旱地区。

植物文化

　　仙人掌含有毒碱，食用后能作用于中枢神经，使人产生各种幻象，是公元1～17世纪时秘鲁地方祭祀与神灵世界取得联系的重要植物。

不同品种的仙人掌

日常养护

浇水

炎热和有大风时，每天浇水两次。欲使植株长大，希望多生子株的话，可以多浇水。欲使开花和控制植株增大时应少浇水。新栽植的仙人掌先不要浇水，每天用喷雾喷几次即可，半个月后才可少量浇水，一个月后新根长出才能正常浇水。春、秋季节，浇水要掌握"不干不浇，不可过湿"的原则。6～8月是生长旺盛时期，一般每天清晨浇透水一次，傍晚视情况补水。

施肥

生长期每10～15天施稀薄液肥一次。10月后停肥，否则新生组织柔弱，易受冻害。

繁殖

扦插时间以5～6月扦插最为适宜。有温室的地方，全年均可进行。基质的配制用4份粗河沙、壤土3份、腐叶2份和谷壳灰1份配制而成。切取插穗，从生长势强、无病虫害的母株上选取生长健壮、成熟的茎节作插穗。用无锈的刮刀从母株上切取插穗。晾干切取后的插穗，应先将其放在空气比较干燥的室内晾上5～7天，待切口干涸、茎肉开始收缩后才扦插。扦插时将插穗基部浅埋入基质内，切忌过深，造成腐烂。生根前，防阳光暴晒，应置放在半阴处养护。生根后，水分和光照等方面可进行常规管理。

病虫防治

仙人掌常生菜青虫、蝗虫、红蜘蛛、介壳虫，以及腐烂病和锈病等病症，定期在仙人掌上或周围环境喷洒杀菌剂，对防御病虫害的发生有一定的作用。常用的杀菌剂有代森锌、多菌灵和托布津等。

06 秋海棠

Begonia
秋海棠科秋海棠属

🌊 土壤：含腐殖质、疏松、排水良好的微酸性沙质土

💧 水分：怕干燥和积水

🌡 温度：10～30℃

☀ 阳光：喜温暖、稍阴湿的环境

形态特征

秋海棠，又名八月春、相思草、岩丸子，秋海棠属秋海棠科秋海棠属多年生草本植物。其根状茎呈球形，茎直立生长，有分枝和纵棱，茎上无毛。秋海棠的种子细小，种子呈长圆形、淡褐色、表面光滑。

产地

中国主要产在湖南、湖北、河北、河南、山东、陕西、四川、贵州、广西、安徽等地。日本、马来西亚、印度也有种植。

植物文化

秋海棠花语是亲切、诚恳、单恋、苦恋、呵护、热忱。

花的箴言是：自信是成功的首要条件，相信自己才可以冲破困难，是苦练、断肠的代表花。

浇水

　　春秋生长旺盛期土壤需要含有较多的水分，浇水要及时，保持湿润即可。夏季是秋海棠的半休眠或休眠期，水分要少些，盆土保持稍干些。冬季则少浇水，盆土要始终保持稍干状态。浇水的原则为"不干不浇，干则浇透"。浇水的时间在不同的季节也要注意，冬季浇水在中午前后的阳光下进行，夏季浇水要在早晨或傍晚进行，这样气温和盆土的温差较小，对植株的生长有利。

蟆叶秋海棠

施肥

　　春秋生长期需薄肥勤施，主要施腐熟无异味的有机薄肥水或无机肥浸泡液。生长缓慢的夏季和冬季，少施或停止施肥，避免因茎叶发嫩，减弱抗热及抗寒能力而发生腐烂病症。幼苗发棵期多施氮肥，促长枝叶。现蕾开花期阶段多施磷肥，促使多孕育花蕾，这样开花多又鲜艳，如果缺肥，植株会枯萎，甚至死亡。

繁殖

　　用扦插繁殖，在春秋两季为最好，插穗宜选择基部生长健壮枝的顶端嫩枝，插穗长度在8~10厘米为佳。扦插时，将大部叶片摘去，插于清洁的沙盆中，保持湿润，并注意遮阴养护，15~20天即生根。生根后早晚可让其接受阳光，根长至2~3厘米长时，即可上盆培养。

健康小偏方

原料： 秋海棠块茎和果。

步骤： 夏秋采块茎；初冬采果，晒干或鲜用。

作用： 凉血止血，散瘀，调经。

价值作用

　　秋海棠不仅以其四季不绝、妖艳繁茂的花朵和五彩斑斓、秀姿各异的叶片赢得了人们的喜爱，而且其茎叶还有良好的药用和食用价值。具有清热解毒、活血止咳、消炎止痛、助消化、健胃、解酒的功效，深受人们的喜爱。

绿饰应用

　　秋海棠的花多而密集，适宜小型盆栽观赏。点缀家庭书桌、茶几、案头和商店橱窗，在会议条桌、餐厅台桌摆放，枝繁叶茂，娇艳色彩，妖媚动人。而且其对室内空气中二氧化碳、二氧化硫等有害物质具有良好的净化功能。

病虫防治

　　秋海棠常见病虫害是卷叶蛾。此虫以幼虫食害嫩叶和花，直接影响植株生长和开花。少量发生时以人工捕捉，严重时可用乐果稀释液喷雾防治。

芍药

Begonia

芍药亚科芍药属

☁ 土壤：沙质土壤

💧 水分：耐旱

🌡 温度：喜温耐寒

☀ 阳光：喜阳

形态特征

芍药，别名红药、余容、离草、将离，芍药亚科芍药属多年生草本植物，其块根由根茎下方生出，肉质粗壮，呈纺锤形或长柱形。芍药花瓣呈倒卵形，花盘为浅杯状，花朵单生在茎的顶端或近顶端叶腋处。品种花色丰富，有白、粉、红、紫、黄、绿、黑和复色等。

产地

多产自中国、朝鲜、日本、蒙古及西伯利亚等地区。

植物文化

芍药被人们誉为"花仙"和"花相"，且被列为"六大名花"之一，又被称为"五月花神"，因自古就作为爱情之花，现已被尊为七夕节的代表花卉。且在中国文化中一直是绘画艺术中的常见花卉，象征友谊、情爱。

不同品种的芍药

原料：芍药根。
步骤：水中煎熬。
作用：镇痉、镇痛、通经。

价值作用

芍药的种子可榨油供制肥皂和掺和油漆作涂料用。根和叶富有鞣质，可提制栲胶，也可用作土农药，可以杀大豆蚜虫和防治小麦秆锈病。其根部对妇女的腹痛、眩晕、痛风、胃痉挛等病症有效。

绿饰应用

芍药花形妩媚，花色艳丽，品种丰富，在园林中常成片种植，花开时十分壮观。植入家庭往往令人心情愉悦，食欲大开。

日常养护

浇水

芍药在早春时节要浇解冻水，让芍药从冬季的寒冷中缓过来。四月底要浇花前水，让芍药开花。花败后要浇花后水，让芍药补充养分。冬天浇越冬水，且浇透水，这样能让芍药顺利越冬。严禁开花期间浇水，且不要向叶面喷水。

施肥

早春根芽出土时轻施一次以氮肥为主的稀薄液肥，加速营养生长。从现蕾到开花期间可追施1~2次复合肥，喷施2~3次磷酸二氢钾肥液，以促进花大色艳。花期过后，追施一次以氮肥为主的液肥，加速根部幼芽的生长。冬季，芍药进入休眠状态，适量添加腐熟的饼肥或厩肥，以补充土壤消耗的养分，为春季壮苗打好基础。

繁殖

芍药适合扦插繁殖。要选排水良好的基质做扦插床。在扦插床上最好搭遮阳板，截取带两个插穗的节。将插穗用药物处理后扦插，插深约5厘米。扦插棚内保持温度20~25℃，20~30天即可生根，并形成休眠芽。生根后，应减少喷水和浇水量，逐步揭去遮阳板。扦插苗生长较慢，需在床上覆土越冬，翌年春天移至露地栽植。

病虫防治

芍药常生金龟子、介壳虫、蚜虫等病虫害，导致植株生长衰弱，花苗茎叶卷曲或根腐病。可喷洒乐果乳剂液，或敌敌畏，或灭蚜松乳剂液防治病虫害。

08 常春藤

Hedera nepalensis K,Koch var.sin ensis (Tobl.) Rehd

五加科常春藤属

☁ 土壤：中性或微酸性土壤

💧 水分：耐旱

🌡 温度：喜温暖，较耐寒

☀ 阳光：忌阳光直射

形态特征

常春藤，又名土鼓藤、三角风、散股风、钻天风，五加科常春藤属常绿攀援灌木，有气生根。叶为单叶，叶片在不育枝上的通常有裂片或裂齿，但是在花枝上的常不分裂；叶柄细长，无托叶。主要分为：金心、革叶、花叶、冰雪、中华和日本常春藤等品种。

产地

原产于中国华中、华南、西南、甘肃和陕西等地，分布于亚、欧及美洲北部。

植物文化

常春藤象征忠诚、友谊、情感、欢乐、活力、不朽与永恒的青春。送友人常春藤表示友谊之树长青。朋友结婚，送新娘的花束中也少不了常春藤美丽的身影，祝愿"新婚幸福，百头偕老"。而男人戴上它可以辨别恋人的好恶。

浇水

生长季节浇水要见干见湿，不能让盆土过分潮湿，否则易引起烂根落叶。冬季室温低，尤其要控制浇水，保持盆土微湿即可。夏季高温季节下，最好选择清晨或傍晚浇水，避免土温和水温相差大，植株枯萎死亡。北方冬季气候干燥，最好每周用与室温相近的清水喷洗一次叶面，保持空气湿度，则植株显得有生气，叶色嫩绿而有光泽。

施肥

盆土宜选腐叶或炭土加1/4河沙和少量骨粉混合配成的培养土。生长季节2~3周施一次稀薄饼肥水。生长旺季也要向叶片上喷施1~2次磷酸二氢钾液，使叶色显得更加美丽。（注意施液肥时要避免沾污叶片，以免引起叶片枯焦）一般夏季和冬季不要施肥。施肥时切忌偏施氮肥，否则，花叶品种叶面上的花纹、斑块等就会变成绿色。

繁殖

常春藤适合用压条繁殖。将茎蔓接触盆土进行连续压条，保持盆内土壤湿润，促进生根；或者将茎蔓接触地面土壤用土块压住节部，保持土壤湿润，使之生根。将盆内或者土壤中生根后的枝条剪成带有3~5个节的小段，促进新茎的长出，新茎长到8~10厘米时可进行分栽。

常春藤和长寿花混搭的盆栽

健康小偏方

原料：常春藤全株入药。
步骤：全年可采，切段晒干或鲜用。
作用：祛风利湿，活血消肿，平肝，解毒。

价值作用

常春藤不但在立体绿化中发挥着举足轻重的作用，而且还具有很高的药用价值，它在中医上被称为百脚蜈蚣，性平、味甘，祛风利湿，活血消肿，平肝，解毒。用于治疗风湿关节痛、腰痛、跌打损伤、肝炎、头晕、口眼喎斜、急性结膜炎、肾炎水肿、闭经、痈疽肿毒、荨麻疹、湿疹等。

绿饰应用

常春藤不仅可达到绿化、美化效果，同时也发挥着增氧、降温、减尘、减少噪音等作用，是藤本类绿化植物中用得最多的材料之一。对于新装修房子中的甲醛、苯、三氯乙烯等有害气体有良好的吸食作用。

病虫防治

常春藤病害主要有藻叶斑病、细菌叶腐病、叶斑病、根腐病、疫病等。虫害以介壳虫和红蜘蛛的危害较为严重。注意合理施肥、浇水和通风透光，发病前喷洒代森锌液保护，并在深秋或早春清除枯枝落叶并及时剪除病枝、病叶烧毁。

美人蕉

Canna lily
美人蕉科美人蕉属

土壤:	疏松肥沃、排水良好的沙壤土
水分:	喜湿润，忌干燥
温度:	喜温暖
阳光:	喜光

形态特征

　　美人蕉，又名兰蕉，美人蕉科美人蕉属多年生球根草本花卉。根茎肥大，茎叶具白粉，叶片互生，且宽大呈长椭圆状披针形。总状花序自茎顶抽出，花瓣直伸，具四枚瓣化雄蕊。主要品种有：大花、紫叶、双叶鸳鸯、水生红花和水生黄花美人蕉等。

产地

　　美人蕉原产于美洲、印度等地区。

植物文化

　　佛教的传说，美人蕉是由佛祖脚趾所流出的血变成的。它是一种大型的花朵。在美丽的阳光下，酷热的天气中盛开的美人蕉，让人感受到它强烈的存在意志。象征勇往直前、乐观进取的人，它的花语是：美好的未来。

不同品种的美人蕉

原料：美人蕉根茎。

步骤：鲜根状茎适量，捣烂敷患处。

作用：治疗疮疡肿毒。

价值作用

美人蕉枝叶茂盛，花大色艳，花期长，开花时正值火热少花的季节，丰富园林绿化中的色彩和季相变化，使园林景观轮廓清晰，美观自然。可作花境或花坛布置，也可盆栽。而且以它的根状茎及花入药，性凉，味甘，淡，具有清热利湿、安神降压的功效。

绿饰应用

美人蕉，不仅能美化人们的生活，而且又能吸收二氧化硫、氯化氢以及二氧化碳等有害物质，抗性较好，所以被人们称为监视有害气体污染环境的活的监测器。具有净化空气、保护环境作用，是绿化、美化、净化环境的理想花卉。

病虫防治

美人蕉适应性很强，管理上比较粗放，虫害也很少。每年5~8月要注意卷叶虫害，以免伤其嫩叶和花序。可用敌敌畏液或杀暝松乳油液喷洒防治。地栽美人蕉偶有地老虎发生，可进行人工捕捉，或用敌百虫液对根部土壤灌注防治。

日常养护

浇水

栽植后根茎尚未长出新根前，要少浇水。盆土以潮润为宜，土壤过湿易烂根。花葶长出后应经常浇水，保持盆土湿润。冬季应减少浇水，盆土稍湿润即可。

施肥

盆土要用腐叶土、园土、泥炭土、山泥等富含有机质的土壤混合拌匀配制，并施入豆饼、骨粉等有机肥作基肥。生长期，每隔10~15天需施一次液肥（液肥可用腐熟的稀薄豆饼水并加入适量硫酸亚铁，也可用复合化肥溶液），浓度宜偏淡一些，开花前期（还未抽生出花葶时），可向叶面喷施一次磷酸二氢钾水溶液催花。花谢后要及时剪除残花葶，并需施液肥，为下次开花储蓄养分。

繁殖

美人蕉适合块茎繁殖，宜在3~4月进行。将老根茎挖出，分割成块状，每块根茎上保留2~3个芽，并带有根须，栽入土壤中10厘米深左右，株距保持40~50厘米，浇足水即可。新芽长到5~6片叶子时，要施一次腐熟肥，当年即可开花。

10 橡皮树
Moraceae
桑科榕属

土壤：疏松肥沃、排水良好的微酸性沙壤土

水分：喜湿润

温度：喜温暖，不耐寒

阳光：喜阳，但忌阳光直射

形态特征

橡皮树是桑科榕属常绿乔木植物，又名橡胶树、印度榕。橡皮树的主干明显，分枝少，有气根。叶片宽大、肥厚，叶片互生，叶片呈椭圆形或倒卵形，叶片富有光泽，十分绮丽，观赏价值很高，是著名的盆栽观叶植物。适宜温热湿润的环境，生长温度为20~30℃。

产地

原产于马来西亚和印度等地，在中国各省市均有栽培。

植物文化

橡皮树叶片厚实，就像橡皮一样。每片叶子紧密簇拥着向上生长，有一种很强的团结力量存在，密不可分。象征着奋力拼搏，不断前进。

浇水

夏季一天浇水一次，保持盆土湿润，还要经常向枝叶及四周环境喷水，以提高空气相对湿度。春秋季节，3～5天浇水一次，保持基质湿润即可。冬季则需控制浇水，低温而盆土过湿时，易导致根系腐烂。

施肥

夏季属于生长旺季，可半个月使用一次复合肥。秋季逐步减少施肥和浇水促使枝条生长充实。冬季不施肥。在高温潮湿的环境中生长甚快，每5～10天可生出一片叶子，在这期间必须保证充足的肥料和水分。一般每月施1～2次液肥或复合肥，同时保持较高的土壤湿度。

繁殖

扦插前，选择1～2年生的枝条做插穗，2～3节为一插穗，将插穗下面的叶片去掉。将选择好的插穗，插入用河沙、珍珠岩、泥土等混合的基质中。扦插后，置于阴凉处，并经常向枝条喷水，保持温度在22℃以上，1～2个月即可生根。生根后上盆，进入正常的管理养护。

不同品种的橡皮树

病虫防治

橡皮树易生炭疽病、根结线虫病、灰斑病等病症，可每半月喷一次波尔多液或波美度石硫合剂或高锰酸钾溶液。另外，在发病前或初期用托布津可湿性粉剂、退菌特、百菌清、多菌灵等可湿性粉剂液喷射。

橡皮树炭疽病

原料：种子。
步骤：榨油。
作用：制造油漆和肥皂。

价值作用

橡皮树的乳汁为橡胶原料。但是橡皮树是有毒的，它的叶片中含有有毒物质。只要你不去食用它的叶子，它不会自动释放出含有毒气的气体，所以来说，橡皮树无论放在室内的什么地方，都是对人体安全的。

绿饰应用

橡皮树具有独特的净化粉尘功能，也可以吸收挥发性有机物中的甲醛。不仅如此，橡皮树还能有效吸收空气中的一氧化碳、二氧化碳、氟化氢等有害气体，使室内浑浊空气得到净化。橡皮树在阳光充足的地方能够进行旺盛的光合作用和蒸腾作用，调节空气湿度和含氧量。对于灰尘较多、人员混杂又不通风的办公室，最适合将橡皮树摆放在窗边。

11 铁线蕨

Adiantum capillus-veneris Linn

铁线蕨科铁线蕨属

- 土壤：疏松、肥沃的沙质土壤
- 水分：喜湿润
- 温度：喜温暖，不耐寒
- 阳光：喜光，忌阳光直射

形态特征

　　铁线蕨，又名铁线草、水猪毛土、铁丝草，铁线蕨科铁线蕨属多年生常绿草本植物。根茎细长横走，叶柄长，基部根状茎鳞片，叶片卵状三角形，叶干后薄草质，草绿色或褐绿色，两面均无毛。主要品种有：肾盖、灰被、扇叶、鞭叶、楔叶、荷叶铁线蕨等等。

产地

　　原产于欧洲、美洲、非洲、大洋洲、亚洲等温暖地区，中国各省市均有栽培。

植物文化

　　铁线蕨叶柄纤细有光泽，酷似人发，加上其质感十分柔美，好似少女柔软的头发，因此又被称为"少女的发丝"，显得格外优雅飘逸。

浇水

夏季，每天要浇1～2次水，并向植株周围地面洒水，以提高空气湿度。春秋两季要保持土壤湿润，2～4天浇水一次。冬季少浇水，可以5～7天浇一次水，保证不让土壤干裂即可。

施肥

夏季每月施2～3次稀薄液肥，施肥时不要沾污叶面，以免引起烂叶。春秋季节可在盆土内加适量石灰和碎蛋壳，补充钙质。冬季要停止施肥。

繁殖

铁线蕨的繁殖要在春季新芽萌发前结合换盆分株进行。将母株从盆中托出，扒开根状茎并切断，分成数丛，分别上盆即可获得新的植株。新栽植株浇水后放在半阴处养护，待新枝长出后进行正常管理。春季栽植或翻盆换土。盆栽常用腐殖土或泥炭土，再加少量河沙和基肥混配而成的培养土。每年春季换盆，换盆时勿伤根，避免风吹，保持盆土湿润和较高的空气湿度。

玻璃盆养铁线蕨

健康小偏方

原料：铁线草全株。
步骤：水煎服。
作用：治疗感冒、咳嗽。

价值作用

铁线蕨不但具有观赏价值，而且还有很高的药用价值，可治疗流行性感冒、咳嗽、肝炎、痢疾、腰痛、尿道结石、乳痛、痨伤、跌打损伤、烧烫伤、蛇咬伤、疗毒等。

绿饰应用

铁线蕨茎叶秀丽多姿，形态优美，株形小巧，极适合小盆栽培和点缀山石盆景。其能吸收甲醛，因此被认为是最有效的生物"净化器"。成天与油漆、涂料打交道者，或者身边有喜好吸烟的人，应该在工作场所放至少一盆蕨类植物。另外，它还可以抑制电脑显示器和打印机中释放的二甲苯和甲苯。

病虫防治

铁线蕨易生叶枯病，可施波尔多液、甲基托布津液防治。若生介壳虫病，可用氧化乐果液进行防治。

12 白鹤芋

Spathiphyllum kochii
天南星科白鹤芋属

- 🌱 **土壤：** 肥沃、含腐殖质的土壤
- 💧 **水分：** 喜湿润
- 🌡 **温度：** 喜高温
- ☀ **阳光：** 喜阳光，忌暴晒

形态特征

白鹤芋，又名和平芋、苞叶芋、白掌等，是天南星科白鹤芋属多年生草本植物。植株具有短根茎，叶柄呈翠绿色。花葶直立于叶丛中，佛焰苞直立向上，花朵稍卷呈白色。主要品种有：白公主、神灯、斯蒂芬、多米诺、贾甘特、艾达乔、佩迪尼等等。

产地

原产于美洲，现在世界各地均有栽培。中国各省市亦广泛种植。

植物文化

白鹤芋花语：一帆风顺、事业有成。
因其花酷似鹤翅首，亭亭玉立，洁白无瑕，故给人以"纯洁平静、祥和安泰"之美感，被视为"清白之花"。

浇水

生长期间应经常保持盆土湿润，但要避免浇水过多，盆土长期潮湿，否则易引起烂根和植株枯黄。夏季和干旱季节应经常用细眼喷雾器往叶面上喷水，并向植株周围地面上洒水，以保持空气湿润，对其生长发育十分有益。冬季控制浇水，以盆土微湿为宜。白鹤芋适宜很高的生长湿度，空气过于干燥会引起叶片萎蔫，可通过加强喷水或环境地面洒水来解决。

施肥

生长旺季每1~2周施一次稀薄的复合肥或腐熟饼肥。冬季温度低，应停止施肥。施肥要薄肥施之，不要施用浓肥或生肥，并在施用了固态的肥料后浇灌一次清水，最好以稀薄的肥水代替清水浇灌，这样一般不会产生肥害，而且植株生长茂盛。

繁殖

当植株长成大株时，可在换盆时进行分株繁殖。从花盆中取出植株，用木棍慢慢抖落旧土，避免伤根，一手握株，另一手松开根须，再分成小株在花盆中添加适量的观叶植物用土，分别栽入分株，然后充分浇水即可。

白鹤芋的花

白鹤芋的球茎和叶可以作为药用，但有轻微的毒性，不误食就不会有事，每次修剪枝叶的时候要洗手，它的毒主要来自于汁液，多注意点就没事了。

绿饰应用

白鹤芋挺拔秀丽，悦目清新，适于点缀书房、客厅，可以通过蒸散作用调节室内的温度和湿度，能有效净化空气中的挥发性有机物，如：酒精、丙酮、三氯乙烯、苯、甲苯、一氧化氯、臭氧等，其中尤其是针对臭氧的净化率特别高，摆放在厨房煤气灶，可以净化空气，去除做饭时的味道、油烟以及挥发物质。

病虫防治

白鹤芋易生细菌性叶斑病、水晶宫、炭疽病等症，可用多菌灵可湿性粉剂喷洒。另有根腐病和茎腐病发生，除注意通风和减少湿度外，可用百菌清液防治。介壳虫和红蜘蛛，用马拉松乳油液喷杀防治。

13 三色堇

Viola tricolor L
堇菜科堇菜属

⌒ **土壤**：肥沃、排水良好的中性壤土或黏性壤土
♦ **水分**：喜湿润
🌡 **温度**：较耐寒
☼ **阳光**：喜光照

形态特征

　　三色堇，又名蝴蝶花、人面花、鬼脸花、猫脸花等，是堇菜科堇菜属一年或多年生草本植物。植株的茎直立或稍倾斜生长，表面光滑且有棱。植株的花朵较大，花柱很短，通常每朵花有紫、白、黄三种颜色。主要品种有：水晶宫、皇冠、宾哥、宝贝宾哥、大花高贵、阿特拉斯等。

产地

　　原产于欧洲，分布于世界各地，在中国各地均有栽培。

植物文化

　　三色堇花语是沉思、快乐、请思念我。其中，红色的三色堇代表思虑、思念；黄色的三色堇代表忧喜参半；紫色的三色堇代表沉默不语、无条件的爱。

不同品种的三色堇

价值作用

三色堇是重要的护肤药材，其味芳香，性表温和，全草可以用作药物，具有清热解毒、散瘀止咳、利尿的功效，可以用于治疗咳嗽。也可以用来杀菌，治疗皮肤上青春痘、粉刺、过敏问题。

绿饰应用

三色堇花的色彩、品种比较繁多，从花形上看，有大花形、花瓣边缘呈波浪形的及重瓣形的，花瓣构成的图案，形同猫的两耳、两颊和一张嘴，故又名猫儿脸。又因整个花被风吹动时，如翻飞的蝴蝶，所以又有蝴蝶花的别名，是布置春季花坛的主要花卉之一，具有非常高的观赏价值。也可以用来放在装修完毕的家居中吸收苯、甲醛的气体。

病虫防治

三色堇易生黄胸蓟马，严重时，会使三色堇花瓣卷缩或提前凋谢，并多发于高温干旱季节。可用溴氰菊酯、杀螟松液，每隔10天喷洒一次。

日常养护

浇水

春季，3~5日浇1次水。夏季，1~2天浇水一次，并向叶面和周围洒水。秋季，和春季相同，3~5日浇水一次。冬季，严格控制浇水，保持稍湿润即可。不要浇水过多，因为三色堇在阴凉地区生长，水分不会散发很快，需要的水分不多。

施肥

生长期，每20~30天追肥一次(以各种有机肥料或氮、磷、钾为佳)，开花前期（还未抽生出花葶时），可向叶面喷施一次磷酸二氢钾水溶液催花，开花后停止施肥。及时剪除残花葶，并施液肥。

繁殖

播种前，应将苗床浇透水，使其保持湿润，播下后不能立即浇水，以免把种子冲掉，盖上3~4毫米一层薄土，并注意遮阴，10~15天后发芽。小苗长出2~3片叶时，假植于育苗盆中，追肥1~2次，真叶长到5~7片时再移植栽培。

14 百日草

ZinniaeIegans

菊科百日菊属

土壤：在疏松肥沃、排水良好的土壤

水分：喜湿润

温度：喜温暖，不耐寒

阳光：喜光

形态特征

百日草，又名百日菊、对叶菊、火球花，是菊科百日菊属一年生草本植物。植株的茎直立生长，叶片呈卵形或椭圆形。管状花集中在花盘中央，色泽为黄橙色，花边缘分裂成瘦果广卵形至瓶形。花色有红色、橙色、黄色、绿色、粉色、白色等。

产地

原产于墨西哥，在中国云南、四川等地广泛栽培。

植物文化

百日草花语是持续的爱、恒久不变、善良、每日的问候、纪念一个不在的友人。又因其花朵一朵更比一朵高，会激发人们的上进心，而具有健康向上的寓意。

日常养护

浇水

春季2~3天浇水一次，保持土壤湿润。夏季天气干燥，一天浇水一次，并时常向空气中喷水，保持土壤湿润和空气中的水分。秋季和春季相同，保持土壤湿润即可。冬季天气寒冷，必须移入室内养护，并保持温度在20℃以上，然后少浇水，土壤微湿润即可。

施肥

养苗时稍施肥，每月施一次液肥。接近开花期，一周左右施一次液肥，直至花瓣盛开。花后及时将残花从花茎基部(留两对叶)剪去，修剪后追肥2~3次，保证植株生长所需的水肥，以延长整体花期。夏季宜施氮肥和有机液肥，施2~3次后改用复合肥，盛夏季节宜施用薄肥，以肥代水。

繁殖

在春季4月份进行播种繁殖，种子用高锰酸钾液浸种30分钟，基质用腐叶土、河沙、泥炭、珍珠岩混合配制而成。基质保持稍湿润，然后将种子播入其中，上面覆盖土层。播种后保持温度在21~25℃，1~2周即可发芽，当幼苗长到两片以上叶子后即可移栽。

不同品种的百日草

健康小偏方

原料：百日草全草15~30克。
步骤：煎汤。
作用：治疗热痢疾。

价值作用

百日草不但有很高的观赏价值，而且还可以入药。将百日草全草于春夏两季采收，采收后可以直接药用，也可以切断晒干，留着以后用。百日草味苦、性凉，具有清热利湿、解毒的功效。

绿饰应用

百日草花大色艳，开花早花期长，株形美观，是常见的花坛、花境材料，矮生种可盆栽养护。百日草盆栽放在室内具有净化空气、保护环境的作用，是绿化、美化、净化环境的理想花卉。

病虫防治

百日草易生白星病、黑斑病、花叶病等，发病初期，及时摘除病叶，然后立即喷药防治，可用波尔多液加硫磺粉，或代森锌、百菌清、代森铵等喷洒。

15 金鱼草

Antirrhinum majus L.
唇形科金鱼草属

- ☁ 土壤：肥沃、排水良好的沙质土壤
- ◌ 水分：喜湿润
- 🌡 温度：较耐寒，不耐热
- ☀ 阳光：喜阳光，耐半阴

形态特征

金鱼草，又名狮子花、龙口花、龙头花、洋彩雀等，唇形科金鱼草属多年生草本植物。植株叶片长圆状披针形。总状花序，花冠筒状唇形，基部膨大成囊状，上唇直立2裂，下唇3裂，开展外曲，有白、粉、红、肉色、深黄、浅黄、黄橙、玫瑰红等色。

产地

原产于地中海沿岸，在中国的广西等地有引种栽培。

植物文化

金鱼草花语是青春的心，具有利用价值。其中红色金鱼草代表鸿运当头；粉色金鱼草代表龙飞凤舞、吉祥如意；黄色金鱼草代表金银满堂；紫色金鱼草代表花好月圆；杂色金鱼草代表一本万利。

日常养护

🖐 浇水

定植后要浇一次透水，以后视天气情况而定，防止土壤过干或过湿。开花期，保证供给水充足（不要将水淋到花瓣上）花后可齐地剪去地上部分，浇一次透水。金鱼草耐湿，怕干旱，在养护管理过程中，浇水必须掌握"见干见湿"的原则，隔两天左右喷一次水。

🌿 施肥

栽植前应先翻耕土地并施入基肥。生长期施二次以氮肥为主的稀薄饼肥水或液肥，促使枝叶生长。孕蕾期施1~2次磷、钾为主的稀薄液肥，有利于花色鲜艳。要加强肥水管理，施肥应注意氮、磷、钾的配合。金鱼草具有根瘤菌，本身有固氮作用，一般情况下不用施氮肥，适量增加磷、钾肥即可。

🌱 繁殖

播种繁殖有秋播和春播两种，一般暖地秋播，北方寒地春播，以秋播开花较好。播种时加入少量细沙，均匀撒播，不覆土，10~15天出苗长到4、5片叶子时移栽，移栽后进入正常的养护。

健康小偏方

原料：金鱼草9~15克。
步骤：研末撒敷患处。
作用：治疗疮疡肿毒。

价值作用

金鱼草全草，味苦、性凉。有清热解毒，凉血消肿的功能。外用用于跌打扭伤、疮疡肿毒。但是此植物有毒性，误食可能会引起喉舌肿痛，呼吸困难，胃疼痛；有皮肤过敏的可能，接触后会感到瘙痒。所以，药用必须听从医嘱。

绿饰应用

金鱼草其实是一种花，像它的名字一般，它的每个小花瓣仿佛是一个亮闪闪的鱼鳞，众多色彩鲜艳的花朵组成了它一大束锦簇的金鱼草，具有很高的观赏价值，使用金鱼草来美化环境，可烘托欢乐和幸福的气氛。

病虫防治

金鱼草容易患疫病，疫病会危害茎和根部。病斑呈褐色水渍状，在病斑处长出白色丝状物，可及时拔除病株并烧毁。植株栽植前先对土壤进行消毒。

16 彩叶草

Coleus blumei

唇形科鞘蕊花属

- 🌱 **土壤：** 疏松、肥沃、排水良好的土壤
- 💧 **水分：** 喜湿润
- 🌡 **温度：** 喜温暖，不耐寒
- ☀ **阳光：** 喜光，忌暴晒

形态特征

彩叶草，又名五色草、锦紫苏、五彩苏等，唇形科鞘蕊花属多年生草本植物。全株有毛，茎为四棱，基部木质化。叶片单叶对生呈卵圆形，叶片先端渐尖，叶面绿色，叶片花纹有桃红、朱红、淡黄、暗红等色斑纹。品种有：大叶型、柳叶型、皱边型、彩叶型、黄绿叶型等。

产地

中国各省市均有栽培，在南方江苏、安徽、浙江等地尤其常见。

植物文化

彩叶草花语是绝望的恋情。它是营造立体花坛的绝佳植物。

日常养护

浇水

夏季保证盆土湿润，同时经常向地面和叶面喷水，以提高空气湿度（不能积水，积水容易使根系腐烂、叶片脱落）。春秋季节，3~5天浇水一次。冬季室温不宜低于10℃，此时浇水应做到见干见湿，保持盆土湿润即可，否则易烂根。对水分的需求，应保持盆土及环境经常湿润适度，忌干旱、防积涝，以免叶片脱水失色，根系感染软腐。

施肥

春季，生长季节每月施1~2次以氮肥为主的稀薄肥料。盛夏时节薄施肥水，切忌将肥水洒至叶面，以免灼伤腐烂。多施磷肥，以保持叶面鲜艳。忌施过量氮，否则叶面暗淡。

繁殖

选择颗粒饱满的种子，与细沙相混合。保持基质土壤的湿润，将种子撒入其中，保持温度在20℃以上，10天左右即可发芽。播种苗长出两片叶子时移栽上盆，进入正常的养护阶段。

价值作用

彩叶草的嫩叶也可以食用，将其清炒，口味颇佳。

绿饰应用

彩叶草色彩鲜艳、品种多样，室内摆设多为中小型盆栽，选择颜色浅淡、质地光滑的套盆以衬托彩叶草华美的叶色。为使株形美丽，常将未开的花序剪掉，置于矮几和窗台上欣赏。其有很强的吸附作用和负离子效果，可以吸附空气中的有毒气体、臭味。

病虫防治

彩叶草常见灰霉病、草疫病、白绢病、菌核病等病症，可选择霜疫速康、安泰生、代森锰锌、雷多米尔等进行喷洒防治；蚜虫、介壳虫病、粉虱、红蜘蛛等，可用敌敌畏、乐果、一遍清、康福多等进行防治。

绿萝

Scindapsus aureus
天南星科绿萝属

- 🌥 **土壤**：疏松、肥沃、排水良好的土壤
- 💧 **水分**：喜湿润，忌干燥
- 🌡 **温度**：喜温暖
- ☀ **阳光**：喜阳光，极耐阴

形态特征

　　绿萝，又名石柑子、竹叶禾子、魔鬼藤等，天南星科绿萝属常绿藤本植物。藤长数米，节间有气根，随生长年龄的增加，茎增粗，叶片亦越来越大。叶子形状不一，叶色为绿色，少数叶片也会略带黄色斑驳。主要品种有：青叶、黄叶、花叶绿萝以及银葛、金葛、三色葛、星点藤等。

产地

　　原产于美洲热带雨林地区，世界各地广泛分布。中国各省市亦多有人工养殖。

植物文化

　　绿萝花语是坚韧善良，守望幸福。
　　绿萝遇水即活，因顽强的生命力，被称为"生命之花"。

浇水

盛夏绿萝的生长高峰，每天可向绿萝的气根和叶面喷雾数次，既可清洗叶片的尘埃，利于绿萝的呼吸。春秋季，盆土以湿润为度，发现盆土变白时，即可浇透水。冬季室温较低，绿萝处于休眠状态，应少浇水，保持盆土不干即可。

施肥

生长期，每隔半个月施一次液肥（液肥可用腐熟的稀薄豆饼水并加入适量硫酸亚铁，也可用复合化肥溶液），入冬后，施肥以叶面喷施为主。在水培绿萝生长不同阶段要根据生长需要进行追加施肥以保证营养供给。

繁殖

剪取嫩壮的茎蔓20~30厘米长为一段，直接插于盛清水的瓶中。然后每3天左右换水一次，10多天即可成活。每盆栽植或直接扦插4~5株，盆中间设立棕柱，便于水培绿萝缠绕向上生长。待短截后萌发出新芽新叶时，再剪去其余株的茎梢。

斑叶绿萝

健康小偏方

原料：绿萝叶子3~9克。
步骤：捣烂敷患处。
作用：用于跌打损伤。

价值作用

绿萝不但具有很高的观赏作用，而且其全株都可入药，用于活血化瘀。但绿萝是含毒植物，毒素主要来自植物茎干中的汁液，家里、办公室里即使有种植，只要不用手去直接触碰汁液，并不会引起中毒。

绿饰应用

绿萝的缠绕性很强，可以培养成垂状置于室内，它能吸收空气中的苯、甲醛、三氯乙烯等有害物质，适合摆放在新装修的房子内，不仅净化了空气，还为呆板的柜面增加了线条活泼、色彩明快的绿饰，极富生机，给居室平添融融情趣。

病虫防治

绿萝易生炭疽病、黑斑病等病害，选用代森锰锌、多菌灵、托布津、炭特灵等防治。

18 平安树

Cinnamomum Kotoensis

樟科樟属

- ☁ **土壤**：疏松、排水良好、含有机质的酸性沙壤土
- 💧 **水分**：喜湿润，不耐干旱
- 🌡 **温度**：喜暖热
- ☀ **阳光**：喜阳光充足

形态特征

平安树，又名兰屿肉桂，樟科樟属常绿小乔木。树皮黄褐色，小枝黄绿色，树皮表面光滑。叶片对生，具有厚革质，叶片呈卵形或椭圆形，叶片表面亮绿色，网脉明显。主要品种有：红头屿肉桂、红头山肉桂、芳兰山肉桂、大叶肉桂、台湾肉桂等。

产地

原产美洲、印度、马来半岛等热带地区，分布于印度以及中国大陆的南北各地。

植物文化

平安树花语是万事如意、合家幸福、祈求平安。

日常养护

浇水

夏季高温季节，保持土壤湿润，并经常向叶面和周围环境喷水。春秋季控制浇水，土壤稍湿润。冬季置入室内，多喷水，少浇水。平安树要有一个盆土湿润的环境。为此，盆栽植株应经常保持盆土湿润，但又不得有积水，环境相对湿度以保持80%以上为好。

施肥

生长旺季可每月追施一次稀薄的饼肥水或肥矾水等。入秋后，连续追施两次磷钾肥（磷酸二氢钾溶液），促成嫩梢及早木质化，安全过冬。冬季应停止一切形式的追肥，以防肥害伤根。

繁殖

春季进行扦插，选择当年生半木质化枝条，剪成15厘米左右，浸入生根溶液中。浸泡后取出插入基质3~5厘米（过浅容易倒伏，过深易霉烂），然后用手指压实。用塑料袋将整个插条套住，保持湿度，置于阴凉处，避免阳光直射。扦插后4天左右浇一次透水，一个月左右即可生根。

平安树的叶子

价值作用

平安树是兰屿肉桂的雅称。因其皮可入药，有祛风散寒、止痛化瘀、活血健胃之功效。

绿饰应用

平安树是优美的盆栽观叶植物，植株丰满，叶片硕大，生长较旺，充满生机，用来布置家居比较合适。而且其体内富含桂皮油，能散发出矫正异味、净化空气的香味，很适宜室内养殖。

病虫防治

平安树易生卷叶虫、蚜虫等虫害，可在植株上撒布草木灰，用清水冲洗干净；喷洒苦楝树叶汁液，可有效杀虫；然后用吡虫啉、敌百虫、乐果乳油等喷杀。

19 吸毒草

Melissa Officinalis
唇形科薄荷属

- ☁ 土壤：疏松、肥沃、排水良好的土壤
- 💧 水分：喜湿润，忌干燥
- 🌡 温度：喜温暖
- ☀ 阳光：喜阳光、极耐阴

形态特征

吸毒草，又名蜂蜜花、蜂香脂、薄荷香脂、柠檬香蜂草等，唇形科薄荷属多年生草本植物。茎叶具有肥皂香味，轮伞形花序，唇形白色花，浅绿色的叶子十分漂亮，揉一揉会闻到一股柠檬的香味。

产地

原产于欧洲地中海南岸，在欧洲、北美、亚洲均可找到，主要产地在法国。

植物文化

吸毒草，学名蜜蜂，代表着其香气吸引蜜蜂聚集，民间传说在门口种植香蜂草可以避邪；阿拉伯药草师认为它具有可以令人的头脑和心灵变得快活的魔力。

不同品种的吸毒草

价值作用

清爽香甜的口感，适合在感冒时及流汗的夏天饮用，可增进食欲、促进消化，饭前饭后皆宜。用来取代柠檬调味，香蜂草清香的柠檬味最能增进食欲，可去除头痛、腹痛、牙痛，有止痛的效果，调理呼吸系统疾病，稳定情绪；并有助于治疗支气管炎以及消化系统疾病。

绿饰应用

吸毒草可有效清除室内的甲醛、氨气、苯气、氮气、二氧化硫，以及烟味、异味等有害物质。释放负离子速度快、消毒杀菌。每10～15平方米内放置一大盆，每8平方米放置一小盆，新房、新家具在装修完后，将新家具门、抽屉都打开，两天后会明显消除异味。

日常养护

浇水

盛夏是吸毒草的生长高峰，每天可向其叶面喷洒水雾，既可清洗叶片的尘埃，又利于植物的呼吸。春秋季，盆土以湿润为度，发现盆土变白时，即可浇透水。每3~5天浇一次水，盆土不干不浇，干则浇透。如果叶子蔫了，浇水时在水里加入一些一般的植物营养液，叶子就会恢复。冬季室温较低，处于休眠状态，应少浇水，保持盆土不干即可。

施肥

吸毒草使用一般的植物营养液，或者普通的氮肥就可以很好地生长。

繁殖

将距顶芽5厘米处用洁净刀剪下，但须留意吸毒草叶片薄，必需时常浇水保持湿度并遮光50%，插于干净盆土中。2~3周就可移植成活。

病虫防治

吸毒草是基因重组植物，一般不会发生病虫害。

20 发财树

Pachira macrocarpa
木棉科瓜栗属

- 🌥 土壤：疏松、肥沃、排水良好的土壤
- 💧 水分：喜湿润
- 🌡 温度：喜温暖
- ☀ 阳光：喜阳，较耐阴

形态特征

发财树，又名瓜栗、中美木棉、鹅掌钱等，木棉科瓜栗属多年生常绿灌木。植株茎直立生长，叶大互生具有长柄，叶片为掌状复叶，能开花，花朵较大，花色有红、白或淡黄色，色泽艳丽。

产地

原产于澳洲、拉丁美洲及太平洋岛屿，在中国南部热带地区广泛分布。

植物文化

发财树寓意"发财"之意，中国人讲求方正、平稳，发财树正好体现这种气韵。

病虫防治

发财树易生根腐病，用普力克、土菌灵、雷多米尔或疫霜灵喷施；叶枯病喷施多菌灵、百菌清、甲基托布津液。

日常养护

浇水

夏季室内3~5天浇一次水。春秋季节5~10天浇一次。冬天视室温而定，盆土略潮为宜。发财树对水分的适应性较强，在室外大水浇灌或在室内10多天不浇水，也不会发生水涝和干旱。

施肥

苗期要薄施氮肥和增施磷钾肥2~3次，促使茎干基部膨大生长旺季施用磷、钾肥，以促使植株健壮，使叶色翠绿，增强观赏效果。发财树因肥料不足、施肥浓度偏低，且施肥间隔时间过长而引起；幼叶、嫩茎处先黄，如见此现象后不及时施肥，也会造成全株黄叶甚至死亡；对缺肥的花卉，切忌一次大量施用浓肥，以免造成烧根。

繁殖

于春夏交接之际，选择生长粗壮的半木质化枝条，剪取6~8厘米的长度（切口呈马蹄形，且平滑）。然后插在砂石或粗沙中，保持一定湿度，插后及时浇透水。对不正的插条扶正，用塑料布盖好，四周用土压实。扦插后一个月左右即可生根，进入正常的管理养护。

健康小偏方

原料：发财树种子。
步骤：制作罐头。
作用：健胃消食。

价值作用

发财树的未成熟果实的果皮可以炒菜吃。

绿饰应用

发财树除了具有很高的观赏价值外，还具有净化空气的能力，主要吸收二氧化碳、硫、苯等有害气体。另外，电视在播放的时候也放出很多有害的辐射，发财树在旁边可以吸收这些辐射，人也会变得精神一点，体现爱环保和爱健康的风格。

Chapter

03

家庭净化空气
的植物

家居是我们生活、作息的主要场所，家居环境的优化成为越来越多人的必修课。可给你的家居增添一些绿色植物，净化你的家居。下面简单地介绍几种净化空气的植物。

21 吊兰

Chloro phytum
百合科吊兰属

土壤：排水良好、疏松肥沃的沙质土壤

水分：喜湿润，较耐旱

温度：15~25℃，不耐寒

阳光：耐弱光

形态特征

吊兰，又称垂盆草、桂兰、钩兰、折鹤兰，西欧又叫蜘蛛草或飞机草，百合科吊兰属多年生草本植物。肥厚的根状茎较短，叶片剑形，叶色为绿色，有些品种有黄色条纹。花梗比叶片长，开花颜色为白色，花朵簇生，排成疏散的总状花序或圆锥花序。主要品种有：金边吊兰、金心吊兰、银边吊兰、银心吊兰、中斑吊兰、乳白吊兰、紫吊兰等。

产地

主产北半球寒温带，中国河北、陕西、吉林、四川等省及华东等地。

植物文化

吊兰的花语是"无奈而又给人希望"，有诗云："吊思神魂小妍菁，兰雅藏秀芫若中。青妆云轩留芳碧，青画幽静蕙质荣。""吊"这里是指牵挂的意思。"菁"在这里指盛开的花。

日常养护

浇水

夏季浇水要充足，中午前后及傍晚还应往枝叶上喷水，以防叶干枯。春秋两季定时一天浇水一次。冬季5℃以下时，少浇水，盆土不要过湿，否则叶片易发黄。吊兰喜湿润环境，盆土易经常保持潮湿。但是吊兰的肉质根能贮存大量水分，故有较强的抗旱能力，数日不浇水也不会干死。

施肥

从春末到秋初，可每7～10天施一次有机肥液，环境温度低于4℃时停止施肥。吊兰是较耐肥的观叶植物，若肥水不足，容易焦头衰老，叶片发黄，失去观赏价值。但花叶品种应少施氮肥，否则叶片上的白色或黄色斑纹会变得不明显，环境温度低于4℃时停止施肥。

繁殖

吊兰的繁殖可以结合每次换盆来进行。换盆时可以浇透水，然后将母株从盆中扣出，去除老叶和残叶，用小刀将母株根丛分离分栽，放置在阴凉的地方大约一周之后可以成活。也可以取匍匐茎上的小株进行栽植。

吊兰叶片变褐

价值作用

吊兰是多年生草本植物，枝条细长下垂，夏季开小白花，花蕊呈黄色，可供盆栽观赏。吊兰的根和全草可入药，具有去痰热咳嗽、治疗跌打损伤的作用。用于小儿高热、肺热咳嗽、吐血、跌打肿痛等治疗。

绿饰应用

吊兰养殖容易，适应性强，是最为传统的居室垂挂植物之一。它的叶片细长柔软，从叶腋中抽生出小植株，由盆沿向下垂，舒展散垂，似花朵，四季常绿。吊兰能在微弱的光线下进行光合作用，可吸收室内80%以上的有害气体，吸收甲醛、香烟烟雾中的尼古丁等的能力超强，是植物中的"甲醛去除之王"，又有"绿色净化器"之美称。

病虫防治

吊兰病虫害较少，主要是生理性病害，叶前端发黄，应加强肥水管理。经常检查，及时抹除叶上的介壳虫、粉虱等等，也可用多菌灵可湿性粉剂液浇灌根部，每周一次，连用2～3次即可。

22 芦荟

Aloe

百合科芦荟属

☁ **土壤**：排水性能良好，不易板结的疏松土质

💧 **水分**：怕积水

🌡 **温度**：15～35℃

☀ **阳光**：喜光

形态特征

芦荟，又称卢会、象胆、奴会、讷会，百合科芦荟属常绿、多肉质草本植物。芦荟的茎较短，叶簇生且肥厚多汁，叶片呈条状披针形，顶端有几个小齿，边缘疏生刺状小齿，叶色为绿色。主要品种有库拉索芦荟、中国芦荟、上农大叶芦荟、木立芦荟、开普芦荟、皂质芦荟等。

产地

原产于非洲热带干旱地区,分布遍及世界各地，在中国福建、台湾、广东、广西、四川、云南等地有栽培。

植物文化

早在公元前14世纪，埃及皇后尼菲提就使用芦荟美容，从而使她拥有细嫩洁白的肌肤和柔软光滑的头发。中国古代也有以芦荟作为美容品的记载，如《岭南杂记》："叶厚一指，而边有刺，不开花结子，从根发，长香尺余，破其叶……"

浇水

定植时，浇一遍定植水。生长期多浇水，但要注意排水冬天浇水间隙需更长些，少浇水。芦荟盆土要保持湿润，水太多对芦荟的根系不利，因为芦荟有耐旱怕涝的特点。需要浇水时，沿盆边轻轻地浇但不要用力冲，以免盆土板结，影响盆土的透气性，当盆土出现板结时，要适时松土。

施肥

芦荟生长期以有机肥较好，如花生麸，施用前，用水充分浸泡发酵，再用水稀释浇施，每年施肥3~4次即可。芦荟不仅需要氮磷钾，还需要一些微量元素。为保证芦荟是绿色天然植物，要尽量使用发酵的有机肥，饼肥、鸡粪、堆肥。蚯蚓粪肥更适合种植芦荟。

繁殖

用分株刀具将母株萌发出的幼苗与母株分离，不要拔出来，仍让幼苗留在原位，使其生长一股时间，形成独立的根系，达到完全自养状态再将幼苗带土移栽，定植在土中，及时浇一遍定植水。

从母株上分离出来的芦荟带有独立的根系

健康小偏方

原料：芦荟鲜叶。

步骤：把生的新鲜叶片制成薄片、糖醋渍品、液汁或油炒后。

作用：健胃通便，美容护肤。

价值作用

芦荟中含的多糖和多种维生素对人体皮肤有良好的营养、滋润、增白作用；芦荟中含的胶质能使皮肤、肌肉细胞收缩，能保护水分，恢复弹性，消除皱纹。芦荟对面部痤疮、粉刺有良好的治疗作用，不论内服、外用都有效果。

绿饰应用

芦荟能够净化空气，盆栽需摆放于向阳的地方，如阳台、客厅茶几及书桌等阳光照射到的地方。也可种植于园林或庭院中观赏。

病虫防治

芦荟常见病害主要有炭疽病、褐斑病、叶枯病、白绢病及细菌性病害。可以用托布津、瑞毒霉等，以及抗生素如硫酸链霉素、农用链霉素、春雷霉素、井冈霉素等直接施用，能杀死芦荟体内的病原菌，控制病害蔓延。

23 兰花

Orchidaceae

兰科兰属

🌥 **土壤**：松软、通气、漏水性好，呈微酸性土壤

💧 **水分**：喜湿润

🌡 **温度**：喜温暖

☀ **阳光**：喜阴，怕阳光直射

形态特征

兰花又叫胡姬花、中国兰，是兰科兰属多年生草本植物。植株的根肉质肥大，无根毛有共生菌。具有假鳞茎，外包有叶鞘，与多个假鳞茎连在一起，成排同时存在。革质叶片呈线形或剑形，叶片直立或下垂生长，花单生或成总状花序，花梗上着生多数苞片。主要品种有邵兴兰、中国兰慧兰、中国兰。

产地

中国除华北、东北和西北的宁夏、青海、新疆之外，其他省区都有不同种类的兰属植物。

植物文化

兰花是一种以香著称的花卉，具高洁、清雅的特点。古今名人对它评价极高，被喻为花中君子。在古代文人中常把诗文之美喻为"兰章"，把友谊之真喻为"兰交"，把良友喻为"兰客"。兰花散发的幽香，撩人而带神秘感。

不同品种的兰花

浇水

在生长期（5~6月底）应适当多浇水。抽生叶芽期（3~4月）和开花期（3~4月）应适当少浇水。休眠期（冬季），则更应少浇水或不浇水。

施肥

每年秋季花芽分化前连续施两次以磷钾肥为主的液肥。孕蕾期于晴天傍晚先用清水洗净叶片，待干后再用小磷酸二氢钾溶液喷洒在叶面及叶背，或根施草木灰水。花谢以后20天左右再施两次以氮肥为主的液肥或复合化肥，可促进植株生长。新栽的兰株，第一年不宜施肥；从第二年清明以后开始施肥，直到立秋为止。阴雨天勿施肥，冬季休眠期也要停止施肥。

繁殖

在春秋两季均可进行，一般每隔三年分株一次。分株前保持盆土干燥，选择植株生长健壮，假球茎密集的进行分株，分株后每丛至少要保存5个联结在一起的假球茎。分株后上盆时，先以碎瓦片覆在盆底孔上，再铺上粗石子，再放粗粒土及少量细土，然后用富含腐殖质的沙质壤土栽植。栽植深度以将假球茎刚刚埋入土中力度，盆边缘留2厘米沿口，上铺翠云草或细石子，最后浇透水，置阴处10~15天，保持土壤潮湿，逐渐减少浇水，进行正常养护。

健康小偏方

原料：兰花根50克，美人蕉头20克，徐长卿20克。
步骤：水煎服。
作用：治疗神经衰弱。

价值作用

兰花全身是宝，根、叶、花、果、种子均有一定的药用价值。根可治肺结核、肺脓肿及扭伤，也可接骨。叶治百日咳，果能止呕吐，种子治目翳。蕙兰全草能治妇女病，春兰全草治神经衰弱、蛔虫和痔疮等。建兰叶可治虚人肺气，花梗可治恶癣。

绿饰应用

兰花是姿态优美、芳香馥郁的珍贵花卉。

病虫防治

兰花易生蚜虫粉虱、介壳虫病等，用少量温水溶化洗衣粉，再用水稀释，喷洒兰株，可杀灭蚜虫、粉虱、红蜘蛛。三天喷一次，持续喷三次，介壳虫将全部死亡。

兰花介壳虫病

24 玫瑰

Rosa rugosa
蔷薇科蔷薇属

土壤：疏松肥沃的壤土或轻壤土
水分：耐旱
温度：耐寒
阳光：喜阳光充足

形态特征

玫瑰，又名徘徊花、刺客、刺玫花、穿心玫瑰，蔷薇科蔷薇属落叶灌木。植株枝干多针刺，奇数羽状复叶，小叶有5~9片，叶片呈椭圆形，具有边刺，叶表面多皱纹，背面白色有茸毛小刺。按颜色可分为：红玫瑰、粉玫瑰、黄玫瑰、白玫瑰、黑玫瑰、蓝玫瑰和彩虹玫瑰等。

产地

原产亚洲东部地区，主要在中国东北、华北、西北和西南，日本、朝鲜等地均有分布，在其他许多国家也被广泛种植。

植物文化

红玫瑰的花语是热情、热爱着您、我爱你、热恋，希望与你泛起激情的爱。蓝玫瑰的花语是奇迹与不可能实现的事。粉红玫瑰的花语是感动、爱的宣言、铭记于心、初恋，喜欢你那灿烂的笑容。

不同品种的玫瑰

日常养护

浇水

夏天应每天浇水一次。立秋以后应适当减少浇水。冬季待盆土干后才能浇水。

施肥

栽植前在盆土内施入适量有机肥。在开花前要施花前肥，最好于春芽萌发前进行，以腐熟的厩肥加腐叶土为好。在开花后要施花后肥，以腐熟的饼肥渣最佳，以补充开花消耗的养分。入冬落叶后施入厩肥，以确保玫瑰安全越冬。

繁殖

在2~3月植株发芽前，选取两年生健壮枝，截成15厘米的枝条作插穗，插穗下端涂泥浆，插入插床中，扦插后一个月左右生根，然后及时移栽养护。单瓣玫瑰可用种子繁殖，当10月种子成熟时，及时采收播种；或将种子沙藏至第二年春播种。复瓣玫瑰不结果实，因此不能用种子繁殖。

健康小偏方

原料：玫瑰花瓣。
步骤：花瓣泡酒口服。
作用：舒筋活血，可治关节疼痛。

价值作用

玫瑰油有解毒、促进胆汁分泌的作用；玫瑰花中的黄酮可以改善心肌缺血、抵抗真菌感染。玫瑰主要以花蕾入药，其叶、根也可药用。具有理气、活血、调经的功能，对肝胃气痛、月经不调、赤白带下、疮疖初起和跌打损伤等症有独特疗效。

绿饰应用

玫瑰花娇媚迷人，花香四溢，放入室内不但使人心情愉快，还起到绿化装饰的作用，显得潇洒而又浪漫。最重要的是玫瑰吸收二氧化硫、硫化氢、氟化氢、苯、苯酚、乙醚等有害气体的效果绝佳，是很好的家庭室内空气清新剂。

病虫防治

玫瑰易生蚜虫、夜蛾，危害植株嫩梢及叶片，可用氧化乐果喷液或甲胺磷兑水喷雾。

25 菊花

Dendranthema morifolium

菊科菊属

- ☁ **土壤：** 疏松肥沃而排水良好的沙壤土
- 💧 **水分：** 怕干燥和积水
- 🌡 **温度：** 18～21℃
- ☀ **阳光：** 喜阳光

形态特征

菊花，又名黄华、秋菊、陶菊、金英、寿客，菊科菊属多年生草本植物。其茎干颜色为嫩绿或褐色，除悬崖菊外多为直立分枝生长，基部呈半木质化。卵圆至长圆形叶片为单叶互生，叶边缘有缺刻和锯齿。头状花序顶生或腋生，一朵或数朵簇生。按颜色可分为红、黄、白、绿、紫、花色等。

产地

原产于中国，17世纪传入欧洲，19世纪传入北美。

植物文化

菊花被赋予了吉祥、长寿的含义，有清净、高洁、我爱你、真情、令人怀恋、品格高尚的意思。黄菊寓意着飞黄腾达；白菊寓意着哀悼、真实坦诚；红菊寓意着我爱你。

浇水

夏季浇水要足，早晚各一次，不可在中午浇水。开花后水量逐渐减少，如遇大雨，要注意排水。盆栽浇水忌用自来水冲淋，否则浇水不匀而会使叶面粘泥，只宜在土壤干燥时才可灌溉。

施肥

幼苗定植以后，每日施一次稀水肥。孕蕾到开花前这段时间，需要肥量较大，可每星期施一次追肥，逐渐增加肥水的浓度。花蕾见色时停止施肥，可用稀释肥溶液喷顶。要选择晴天施肥，并在施肥的第二天浇水一次，要经常用清水冲洗茎叶上的泥土、污水。

繁殖

截取无病虫害、健壮的新枝作为扦插条，插条长10~13厘米，扦插适温为15~18℃，土壤不宜过干或过湿。扦插时，先将插条下端5~7厘米内的叶子全部摘去，上部叶子保留两片即可，将插条插入土中5~7厘米深。顶端露出土面3厘米左右，浇透水。以后每天用洒水壶洒1~2遍水，覆盖一层稻草（透明塑料薄膜更好），约两周生根。

健康小偏方

原料：菊花干花。
步骤：80℃的水浸泡。
作用：消暑、生津、祛风、润喉、养目、解酒。

价值作用

菊花不仅有观赏价值，而且药食兼优，有良好的保健功效。具有健脾、清热、降脂的功效，适用于冠心病、高血压、高脂血症、肥胖等症状。如果搭配龙荷山茶一同饮用，可起到更加显著的减肥瘦身效果。

绿饰应用

除了观叶植物以外，菊花在开花盆栽植物中功能性最强大。首先它的蒸散作用很强，可以净化甲醛、苯、臭氧等有害物质。另外，把观叶植物和开花植物放在一起，可减少不安全感，对压力状态下的不自信，也有改善作用。对净化空气有明显效果，适合放在人员密集、空气混浊的室内，是书房或工作室的好伙伴。

病虫防治

菊花上重要的害虫有蚜虫类、斜纹夜蛾、甜菜夜蛾、番茄夜蛾和二点叶螨等。可以用托布津、瑞毒霉等，直接施用，能杀死菊花内的病原菌，控制病害蔓延。

26 榕树盆景

Ficus microcarpa
桑科榕属

- 土壤：沙质土壤
- 水分：耐旱
- 温度：耐寒
- 阳光：喜阳

形态特征

　　榕树盆景，又称细叶榕、榕树须，桑科榕属乔木植株。取材观赏榕树时，以榕树的树桩及根、茎、叶奇异形态为目的，通过各种手法，控制其生长发育，使其成为独特的艺术造型盆栽。主要分为气根盆景和人身盆景。

产地

原产于热带亚洲。中国广西、广东、海南、福建、云南、贵州等地有栽培。

植物文化

榕树具有顽强的生命力，被视为长寿、吉祥的象征，寓意荣华富贵之意，因而是祝寿的最佳礼品。

日常养护

🪣 浇水

夏秋季多浇水，1~3天一次。春天减少浇水量，5~7天一次。冬季少浇水，7~10天一次即可。每次浇水时都要浇透（浇到盆底排水孔有水渗出为止），但不能浇得上湿下干，浇过一次水之后，等到土面发白、表层土壤干了，就浇第二次水。

🌿 施肥

每月施10余粒复合肥即可，施肥时注意沿花盆边将肥埋入土中，施肥后立即浇水。冬季不施肥或少施肥。榕树的生长喜肥，但施肥次数多对榕树的生长会造成伤害。

🌱 繁殖

播种于2~3月进行，及时采取成熟的果实，摊开晒干，捣碎后取出里面的细粒种子，将其放在水里，去掉飘浮在水面上的种子，取沉在水底的饱满种子。播前种子须用0.5%高锰酸钾溶液或波尔多液消毒，将种子掺拌在细沙中撒播，上面覆少量细土，以不见种子为好。后喷透水，及时搭荫棚，保持土壤阴湿，一般一两个月后即可发芽出土。幼苗期要加强喷水、庇荫、追施稀薄饼肥水等培育管理工作，以促进幼苗生长良好。

健康小偏方

原料：榕树叶20克，须根50克。
步骤：煎服。
作用：祛风清热，活血解毒。

价值作用

榕树以叶和气生根（榕树须）入药，具有清热、解表、化湿、发汗、利尿、透疹、驱风止吐之功效。主治感冒高热、扁桃体炎、急性肠炎、痢疾、风湿骨痛、跌打损伤；以气根为主要原料的凉茶，可防治流行性感冒。榕树叶主治流行性感冒、支气管炎、百日咳。

绿饰应用

榕树盆景是花卉盆景中一朵瑰丽的鲜花，适用于美化庭院、装点家居园林绿化，盆栽观赏。而且榕树的水分蒸散性好，可以增加室内的湿度，有净化甲苯、二甲苯、苯、一氧化碳、臭氧的功效，是客厅里净化空气的好帮手。

病虫防治

榕树病虫害少见，偶有介壳虫为害，发现即用刷子人工刷除。但施肥过多或浓度过大会引起叶片发黄，且凹凸不舒展，老叶片焦黄脱落。应立即停止施肥，严重的用大量清水冲洗去部分肥料。

27 紫藤

Wisteria sinensis Sweet

豆科紫藤属

- 土壤：耐水湿及瘠薄土壤
- 水分：耐旱
- 温度：喜温暖，较耐寒
- 阳光：喜光，较耐阴

形态特征

紫藤，又名招豆藤、藤萝、朱藤、招藤，豆科紫藤属落叶攀援缠绕性大藤本植物。植株的树皮为深灰色，嫩枝暗黄绿色且密被柔毛，冬芽扁卵形也密被柔毛。栽培品种有：一岁藤、席香藤、本红王藤、本白王藤、三尺藤、重瓣紫藤、丰花紫藤等。

产地

原产中国，朝鲜、日本亦有分布。以河北、河南、山西、山东等省最为常见。

植物文化

紫藤花语是沉迷的爱、为情而生、为爱而亡，以及对你执着、最幸福的时刻、醉人的恋情、依依的思念。

日常养护

浇水

3月初开花，开花时少浇水，从而延长花期。地栽成年苗一般不需浇水，特干旱时浇水即可。盆栽则见干浇水，也较耐干燥。紫藤的主根很深，所以有较强的耐旱能力，但是喜欢湿润的土壤，然而又不能让根泡在水里，否则会烂根。

施肥

萌芽前可施氮肥、过磷酸钙等。生长期间追肥2～3次，用腐熟人粪尿即可。日常养护时，要适当控水、控肥，以防枝蔓徒长，并以长效磷、钾肥为主要追肥。春节幼芽萌动至开花前要追肥2～3次。但不能过多，有时盆栽紫藤几年不开花，原因可能就是过阴、肥水太大而导致生长过旺或肥水不足而营养不良。

繁殖

秋季扦插，选当年生枝条8～10厘米长带叶扦插，生根后，最低温度应控制在16℃。苗株定植时，需设置棚架，因紫藤树势强健，枝粗叶茂，架材必须坚实耐久。

价值作用

紫藤花可提炼芳香油，并有解毒、止吐泻等功效。紫藤的种子有小毒，含有氰化物，可治筋骨疼，还能防止酒腐变质。紫藤皮具有杀虫、止痛、祛风通络等功效，可治筋骨疼、风痹痛、蛲虫病等。

绿饰应用

紫藤是优良的观花藤本植物，多用于园林棚架，春季紫花烂漫，别有情趣，适栽于湖畔、池边、假山、石坊等处，具独特风格，盆景也常用。它对二氧化硫和氧化氢等有害气体有较强的抗性，对空气中的灰尘有吸附能力，尤其在立体绿化中发挥着举足轻重的作用。它不仅可达到绿化、美化效果，同时也发挥着增氧、降温、减尘、减少噪音等作用。

病虫防治

紫藤最常见的是脉花叶病，严重时叶片畸形，侵染源是带病的紫藤，由桃蚜和豆蚜作非持久性传毒，汁液也能传病，所以在选择繁殖材料时要严格挑选。

杜鹃

Rhododendron simsii Planch

杜鹃花科杜鹃属

土壤：富含腐殖质、疏松、湿润的酸性土壤

水分：喜湿润，但耐干旱

温度：15～20℃

阳光：不耐暴晒

形态特征

    杜鹃，又名山石榴、映山红、山踯躅、红踯躅，杜鹃花科杜鹃属落叶灌木。植株分枝多且枝条纤细，革质叶常集于枝头，花芽为卵球形，花冠漏斗形，颜色多样。常见品种有：毛鹃、西洋鹃、东鹃、春鹃、羊踯躅、迎红杜鹃、马银花、云银杜鹃等等。

产地

    主要分布在中国南部、印度、朝鲜半岛和日本。北美、欧洲、南美、非洲均有栽培。

植物文化

    杜鹃花的箴言是当见到满山杜鹃盛开时，就是爱神降临的时候。花语是爱的欣喜、节制。白色的杜鹃花的花语是被爱的欣喜。

不同品种的杜鹃

原料：杜鹃花根和叶。

步骤：捣烂敷患处。

作用：治疗跌打损伤，止血。

价值作用

杜鹃花花冠鲜红色，为著名的花卉植物，具有较高的观赏价值，在国内外各公园中均有栽培。木材致密坚硬，可作为农具、手杖及雕刻之用，亦可栽植作绿篱。杜鹃花的香味对气管炎、哮喘病有一定疗效，可以健脾顺气。

绿饰应用

杜鹃花色彩多样，摆在家里客厅，将屋子点缀得美丽高贵。它还可以吸收室内的二氧化硫、一氧化氮、二氧化氮等有害气体以及放射性物质，吸住灰尘，可以净化空气，给家人带来一片清新的空气。

日常养护

浇水

栽植和换土后浇一次透水，使根系与土壤充分接触，以利根部成活生长。夏季浇水要保持盆土湿润；秋季减少浇水量，保持土壤稍干燥；冬季要等到盆土干透后再浇水。

施肥

春季生长期，每周施肥一次。夏季杜鹃处于休眠状态，少施肥，遇到叶子发黄、脱落状态，要停止施肥。进入秋季生长期，隔10天施一次含磷液肥。转入冬季，应停止施肥。杜鹃花施肥要掌握季节，并做到适时、适量及浓度配置适当。杜鹃花的根系很细密，吸收水肥能力强，喜肥但怕浓肥。一般人粪尿不适用，适宜追施矾肥水。

繁殖

在春夏交接之际，选取当年生木质化枝条，作插穗。扦插时设置遮阴棚，温度在25℃左右。栽后踏实，再浇水，一个月即可生根。

病虫防治

杜鹃易生红蜘蛛，主要吸收踯躅的汁液使叶片出现灰白色斑点。严重时造成叶片转黄脱落，新梢生长差，树势减弱。在冬季清除枯枝落叶以消灭越冬成虫，开始发生危害时用天皇星乳油液，灭虫灵液或哒嗪酮液喷杀。

29 桂花

Osmanthus fragrans
木犀科木犀属

土壤：疏松肥沃、排水良好的微酸性沙质壤土
水分：喜湿润
温度：15~28℃
阳光：喜光

形态特征

桂花，又名木犀、岩桂、金粟、九里香，木犀科木犀属常绿乔木或灌木。植株树干质坚皮薄，叶片呈长椭圆形，对生叶先端极尖，寒冬树叶也不凋零。花生于叶腋间，花冠合瓣四裂，花朵较小具有芳香。主要品种有金桂类、银桂类、丹桂类、四季桂类。

产地

原产中国西南部、尼泊尔、印度、柬埔寨。现在中国淮河流域及以南地区被广泛种植。

植物文化

桂花被称为"仙树"、"花中月老"，寓意着崇高、美好、吉祥、友好、忠贞之士、芳直不屈；桂花的枝条则寓意着仕途、出类拔萃的人物，以及光荣和荣誉。

日常养护

浇水

春秋季节，1~2天浇一次水。夏季每天浇水一次或早晚各浇水一次，冬季3~5日浇水一次。

施肥

地栽前，树穴内应先搀入草本灰及有机肥料。春季施一次氮肥，夏季施一次磷、钾肥，使花繁叶茂。入冬前施一次越冬有机肥，以腐熟的饼肥、厩肥为主。桂花是香花花木，喜欢含磷、钾质的肥料，因此整个生长期间，应适当多施磷、钾多的肥料，肥料必须施在根系能吸收的地方。

繁殖

在春季发芽以前，用一年生发育充实的枝条，切成5~10厘米长，剪去下部叶片，上部留2~3片绿叶，插于河沙或黄土苗床，插后及时喷水，并遮阴，保持温度20~25℃，栽后两个月可生根移栽。移栽要打好土球，以确保成活率。

健康小偏方

原料：桂花根。
步骤：煎服。
作用：祛风湿，散寒。

价值作用

桂花的花朵淡黄白色，具有芳香，可提取芳香油，制桂花浸膏，可用于食品、化妆品，也可以用来制作糕点、糖果，并且可以用来酿酒。桂花泡茶还可养颜美容、舒缓喉咙，改善多痰、咳嗽症状。

绿饰应用

桂花终年常绿，枝繁叶茂，秋季开花，芳香四溢，不但具有观赏价值和药用价值，还有一定的环保作用，对氯气、二氧化硫、氟化氢等有害气体都有一定的抗性，还有较强的吸滞粉尘的能力。

病虫防治

桂花的主要害虫是红蜘蛛，引起桂花早落叶，削弱植株生长，降低桂花的观赏价值。可用螨虫清、蚜螨杀、三唑锡进行叶面喷雾。要将叶片的正反面都均匀喷到。每周一次，连续2~3次，即可治愈。

30 石榴
Punica granatum
石榴科石榴属

土壌：肥沃的石灰质土壤
水分：耐干旱，怕水涝
温度：15～20℃
阳光：喜光

形态特征

石榴，又名丹若、金庞、天浆、安石榴等，石榴科石榴属落叶灌木或小乔木。植株的枝条为针状，叶片则呈长倒卵形或长椭圆形。花有红色、白色，果实近球形，肉质呈半透明状，多汁。主要品种有白石榴、红石榴、重瓣石榴、四季石榴、墨石榴和玛瑙石榴。

产地

原产于阿富汗、伊朗等国家，在中国江苏、河南、四川、安徽等地均有栽培。

植物文化

石榴的花语是成熟美丽，被中国人视为吉祥物，人们借石榴多籽，来祝愿子孙繁衍，家族兴旺昌盛。石榴树更是富贵、吉祥、繁荣的象征。

浇水

　　春季，每隔20天浇一次透水。开花结果期，不能浇水过多，盆土不能过湿，否则会导致落花、落果、裂果现象的发生。雨季要及时排水。冬季少浇水或不浇水，保持土壤干燥。石榴孕蕾期要使盆土偏干。在叶片轻度发蔫时，可先把石榴置于庇荫处30分钟左右，待盆土和石榴植株温度有所降低后，再向叶面喷洒清水，过片刻再向盆内浇水，反复几次。

施肥

　　定植时要施足底肥，春季以氮肥为主，秋季以磷钾肥为主，每周施一次稀肥水。入冬前再施一次腐熟的有机肥。

繁殖

　　在11月份，选择生长旺盛的石榴树作为母株，用剪刀截取母株上健壮的1～2年生枝条作为扦插枝，先剪去枝条上的刺和失水干缩部分，再打成捆后埋入湿沙中。贮藏期间，保持0℃左右的温度，沙土的湿度以不粘手为宜。来年春天，将枝条取出，剪成20厘米长的扦插条，栽好后马上浇水，以后每隔15天再浇一次。

病虫防治

　　石榴树夏季要及时修剪，以改善通风透光条件，减少病虫害发生。坐果后，病害主要有黑痘病、白腐病、炭疽病。每半个月左右喷一次等量式波尔多液稀释液，可预防多种病害发生。病害严重时可喷代森锰锌、退菌特、多菌灵等杀菌剂。

健康小偏方

原料： 石榴、鸡蛋清各一个，蜂蜜一匙。
步骤： 将石榴汁、蜂蜜、鸡蛋清混合搅拌敷脸。
作用： 美容护肤，迅速补水。

价值作用

石榴其果实色彩绚丽、籽粒晶莹、甘美多汁、清凉爽口，且营养价值高，维生素C比苹果、梨高出1～2倍。石榴成熟后，全身都可用，果皮可入药，果实可食用或压汁，具有清热、解毒、平肝、补血、活血和止泻的功效，非常适合患有黄疸性肝炎、哮喘和久泻的患者以及经期过长的女性食用。

绿饰应用

石榴树在抵抗二氧化硫、氟、氯、乙醚、乙烯、汞蒸气、铅蒸气、一氧化碳、过氧化氮等有害气体上，有很大作用。家中电器、塑料制品等散发的这些有毒气体，因为有了石榴保镖的抵抗，大大减少了危害人类健康的机会。

31 椰子树

Cocos nucifera L.
棕榈科椰属

- 🌱 **土壤**：疏松、肥沃、团粒结构良好的土壤
- 💧 **水分**：喜湿润
- 🌡 **温度**：25～30℃
- ☀ **阳光**：喜光

形态特征

　　椰子树为棕榈科椰属常绿乔木。植株的枝干挺直，株形整齐，其羽状叶呈线状披针形，叶色为绿色。主要品种有高种椰子树、迷你椰子树、酒瓶椰子树、西谷椰子树、大王椰子树、盆栽椰子树。

产地

原产于马来群岛和中国海南省，主要分布在热带、亚热带地区。

植物文化

在海南，椰子是人们生活中不可或缺的成员，每家每户使用椰子制成的生活用品，如椰壳制成的水瓢、椰叶编成的凉席、椰叶柄制成的勺子、椰根编成的框、椰根制成的扫帚等等。

日常养护

浇水

夏秋季空气干燥时，要经常向植株喷水，以提高环境的空气湿度。冬季适当减少浇水量，以利于越冬。

施肥

4~10月生长期，每月施1~2次液肥或复合肥，肥料以腐熟花生麸水为主，或含氮、磷、钾复合肥兑水淋施。每15~20天追施复合肥促使速生茂绿，秋末、冬季少施肥或不施肥。椰子树需施肥，以钾肥最多，其次为氮、磷和氯肥，但必须注意平衡施肥。椰树缺钾时，茎干细、叶短小；缺氮时，幼叶失绿，少光泽；缺磷时会引起根系发展不良和过腐；缺氯会影响椰果大小以及氮的吸收和植株对水分的利用。

繁殖

选取半荫蔽、通风、排水良好的环境。将种子一个接一个地斜靠沟底45°角，埋土至果实的二分之一至三分之二。当芽长10~15厘米时，移芽到有适度荫蔽的苗圃种椰子，注意浇水、排水、除草和施肥。一般一年左右，苗高约一米便可出圃定植。

健康小偏方

原料：椰果。

步骤：打开直接饮用。

作用：治疗水肿，小便不利。

价值作用

椰汁及椰肉含大量蛋白质、果糖、葡萄糖、蔗糖、脂肪、维生素B1、维生素E、维生素C、钾、钙、镁等。椰肉色白如玉，芳香滑脆；椰汁清凉甘甜。椰肉、椰汁是老少皆宜的美味食物。

绿饰应用

椰子树茎干粗壮高大、修直耸立，有劲秀之美，或丛生灌木状，拥茂盛之态，极具观赏价值。而且椰林空气中的负离子含量是城市市区空气中负离子含量的400倍，徜徉在这翠绿欲滴的森林中，呼吸着纯净的空气，使人神清气爽，宜寿延年。

病虫防治

椰子树常见的病害有泻血病、二瘤犀甲、红棕象甲、椰圆蚧、红脉穗螟等。在害虫发生时可用喷亚胺硫磷、二溴磷、敌敌畏、辛硫磷、伏杀硫磷、石硫合剂、氰戊菊酯喷雾，防治病虫危害。

32 栀子花
Gardenia jasminoides
茜草科栀子属

☁ **土壤**：含腐殖质丰富、肥沃的酸性土壤

💧 **水分**：喜湿润，怕积水

🌡 **温度**：25～30℃

☀ **阳光**：喜光，忌暴晒

形态特征

    栀子花，又名鲜支、栀子、玉荷花、白蟾花、豌栀等，茜草科栀子属常绿灌木。植株低矮，树干为灰色，树干上的小枝为绿色。叶片单叶对生或主枝三叶轮生，花朵为白色且具有芳香。主要品种有：大叶栀子、水栀子、雀舌栀子、黄栀子、斑叶栀子、卵叶栀子等。

产地

原产于中国，集中在华东、西南和中南多数地区。

植物文化

栀子的话语是永恒的爱，一生守候和喜悦。栀子花不仅是爱情的寄予，平淡、持久、温馨、脱俗的外表下，蕴涵的是美丽、坚韧、醇厚的生命本质。

日常养护

浇水

夏季，栀子花要每天早晚向叶面喷一次水，以增加空气湿度，促进叶面光泽。秋季开花后只浇清水，控制浇水量。冬季严控浇水，保持土壤偏干，但可用清水常喷叶面。

施肥

春天，进入生长旺季，每半个月追肥一次。夏秋两季，要追肥一次，施入人畜粪、厩肥、堆肥、饼肥等均可。冬季放在室内阳光处，停止施肥。栀子花宜施沤熟的豆饼、麻酱渣、花生麸等肥料，发酵腐熟后可呈酸性。且适合薄肥多施，切忌浓肥、生肥。种植不足三年的，忌施人粪尿。施氮肥过多会造成枝粗、叶大、浓绿，但不开花。缺磷钾肥时也会出现不开花或花蕾枯萎脱落现象。

繁殖

栀子花可春播或秋播，春播在雨水前后，秋播在秋分前后。播时将种子拌上火灰均匀地播在盆内，然后用细土或火土覆盖，盖草淋水，保持土壤湿润。出苗后要注意及时去掉盖草，追淡人粪尿水，育苗一年后即可移栽。

健康小偏方

原料：栀子花5～7朵。
步骤：沸水冲泡。
作用：治疗声音嘶哑。

价值作用

栀子花除观赏外，它的花、果实、叶和根可入药，有泻火除烦、清热利尿、凉血解毒之功效。还可以用来熏茶和提取香料；果实可制黄色染料；而且栀子木材坚实细密，可供雕刻。

绿饰应用

栀子花枝叶繁茂，叶色四季常绿，花朵芳香素雅，不但是绝佳的庭院观赏植物，而且它除了可以美化室内空间和吸收室内的有害辐射之外，还不时放出清香，掩盖了原来平淡甚至是难闻的气味，给空间交换了空气，令整个家充满诗意。

病虫防治

栀子花易发生叶子黄化病和叶斑病，可用代森锌可湿性粉剂喷洒。虫害有刺蛾、介壳虫和粉虱危害，用敌敌畏杀死乳油液喷杀刺蛾，用氧化乐果乳油液喷杀介壳虫和粉虱。

33 丁香

Syringa Linn
木犀科丁香属

- ☁ **土壤**：肥沃、排水良好的土壤
- ◌ **水分**：喜湿润
- 🌡 **温度**：耐寒
- ☼ **阳光**：喜光

形态特征

丁香，又称紫丁香树，木犀科丁香属落叶灌木。对生叶具有叶柄，花为两性共生，花朵具有芳香，花色多为淡蓝色。主要品种有：什锦丁香、蓝丁香、北京丁香、藏南丁香、毛丁香、红丁香、西蜀丁香等。

产地

分布于东亚、中亚和欧洲。中国约有22种，其中特有种18种；日本、朝鲜、阿富汗等国家6种。

植物文化

丁香花开的时候是气候最好的时候。生日是5月17日或者6月12日的人的幸运花是丁香花。在西方，该花象征着"年轻人纯真无邪，初恋和谦逊"。

不同品种的丁香花

价值作用

丁香有温中、暖胃、降逆之功效。可以治疗呃逆、呕吐、反胃、泻痢、心腹冷痛、疝气、癣疾等病症。还可提炼丁香油，是重要的香料，其经济价值很高。

绿饰应用

丁香花主要应用于园林观赏，因其具有独特的芳香、优雅而调和的花色、丰满而秀丽的姿态，在观赏花木中早已享有盛名。而且丁香对二氧化硫及氟化氢等多种有毒气体，都有很强的抗性，故是室内绿化、美化的良好材料。

日常养护

浇水

4~6月是高温季节，也正是丁香生长旺盛和开花的季节，因而每月要浇2~3次透水。7月以后进入雨季时，则要注意排水防涝。11月中旬入冬前要灌足冻水。平时保持盆土湿润偏干，切忌过湿。夏季高温时要早晚各浇一次水，秋后宜少浇水，以利休眠越冬。

施肥

冬日施用熟饼肥为基肥。春季萌动后，每半个月施一次饼肥水，以促进开花。夏季还应适当施肥，以利花芽分化，保持次年多花。秋后少施肥水，肥分过多，对发育有损。

繁殖

分株于3月或11月均可进行，将母株根部丛生出的茎枝分离后即可直接上盆栽种，栽植后每10天浇一次透水，连续浇3~5次。每次浇水后都要松土保墒，以利提高土温，促进新根迅速长出。

病虫防治

丁香在过湿情况下，易产生根腐病，轻则停止生长，重则枯萎致死。主要害虫有蚜虫、袋蛾及刺蛾，可用乐果乳剂或亚胺硫磷乳剂喷洒防治。

34 一叶兰

Aspidistra elatior Blume

百合科蜘蛛抱蛋属

- 🌱 **土壤**：疏松、肥沃的沙壤土
- 💧 **水分**：喜湿润
- 🌡 **温度**：喜温暖，较耐寒
- ☀ **阳光**：喜阳光，忌暴晒

形态特征

一叶兰，又名蜘蛛抱蛋，百合科蜘蛛抱蛋属多年生常绿草本植物。其根状茎近圆柱形，具有节和鳞片，单生叶先端渐尖，叶片基部楔形，正反两面均为绿色；叶柄明显且粗壮。主要品种有：洒金蜘蛛抱蛋、斑叶蜘蛛抱蛋、星点蜘蛛抱蛋、金纹蜘蛛抱蛋、白纹蜘蛛抱蛋等。

产地

原产中国南方各省区，现中国各地均有栽培，利用较为广泛。

植物文化

粽子是端午节的节日食品，而一叶兰的叶片是南方地区端午节包粽子的主要粽叶来源。其叶片的用途除了当粽叶，也可以入药用。

一叶兰的花语是送给独一无二的你。

不同品种的一叶兰

日常养护

浇水

生长季要充分浇水，盆土经常保持湿润，夏秋干燥时，要经常向叶面喷水增湿，以利萌芽抽长新叶。秋末后减少浇水，见干再浇。生长旺盛时保持环境适当通风即可，由于一叶兰在冬季生长缓慢，可置于较封闭环境中。

施肥

换盆时施入少量碎骨片或饼肥末作基肥。春夏生长旺期，施肥以氮肥为主，可每月施两次稀薄液体肥。冬季停止追施肥料。

繁殖

先将植株从盆中脱出，剔去宿土，并剪除老根及枯黄叶片。分株时先剪去老根及枯叶，然后用刀把根切开，或用手把根掰开，每丛留3~6片叶，分别栽植于盆中。随分随种，栽时注意扶正叶片，种植不要太深，栽植深度根状茎埋入土中两厘米左右为度，以方便新叶萌发，浇足水，放半阴处养护。以后保持盆土湿润，约半个月后即可上盆。

价值作用

一叶兰以根茎入药，具有活血化瘀的功效，可用于跌打损伤、风湿筋骨痛、腰痛、肺虚咳嗽、咯血、经闭腹痛、头痛、牙痛热咳伤暑、泄泻等。

绿饰应用

一叶兰叶形挺拔整齐，叶色浓绿光亮，姿态优美、淡雅而有风度；同时它长势强健，适应性强，极耐阴，是室内绿化装饰的优良喜阴观叶植物。而且它还能吸收空气中灰尘、甲醛、硫化氢等有害气体，是室内装饰，净化空气的好选择。

病虫防治

一叶兰易患基腐病，需定期使用药剂防治，可喷施福星乳油或百菌清或多菌灵，平时注意合理的肥水管理，增强植株的抗病力。

35 龙血树

Dracaena angustifolia
百合科龙血树属

🌥 **土壤**：疏松、排水良好、含腐质的土壤

💧 **水分**：喜湿润

🌡 **温度**：喜温暖，不耐寒

☀ **阳光**：喜阳光

形态特征

　　龙血树，又名马骡蕉树、不才树，百合科龙血树属常绿小灌木。植株柱形高健，叶片密生于茎顶部，叶片呈宽条形或倒披针形，叶片的基部扩大抱茎，近基部则较狭窄呈肋状。顶生大型圆锥花序。主要品种有：剑叶龙血树、香龙血树、柬埔寨龙血树、小花龙血树等。

产地

　　原产于非洲西部，主要分布于亚洲的热带地区，中国则主要集中在南部区域。

植物文化

　　传说，龙血树里流出的血色液体是龙血，因为龙血树是在巨龙与大象交战时，血洒大地而生出来的。这便是龙血树名称的由来。

不同品种的龙血树

价值作用

龙血树是一种传统名贵中药，它是木质部在受外力损伤或遭真菌侵入后分泌的红色树脂，被称为"龙血"，内服具有活血化淤、止痛等作用，外用具有生肌、止血、敛疮的功效，有"活血之圣药"的美誉。

绿饰应用

龙血树叶片色彩斑斓，鲜艳美丽。花期时，枝顶长出硕大的花序，每个花序上开放数百朵绿白色的花朵，十分美丽；经矮化盆栽，置于厅堂或者客厅或者卧室，高雅有趣极富异国情调，可作为观赏树种。而且它还能改善空气质量，消除有害物质，吸收家中电器、塑料制品等散发的有害气体。

日常养护

浇水

夏季高温干燥，可在每天上午10时和下午6时以后，用细孔喷壶向叶面进行雾状喷水，保护好鲜艳的叶片色泽。春秋季节，2~4天浇水一次，保持土壤湿润。冬季休眠期要控制浇水，一般置于室内越冬，可以每隔十天半个月浇水一次，维持盆土略干润即可，使之安全越冬。水量要平衡，盆土过干或过湿都有不良影响，盆底水分过剩会导致烂根，因此盆底要用排水性强的垫片。

施肥

春季换土翻盆施底肥。生长季节每月施复合肥1~2次，冬季不施肥。

繁殖

龙血树适合分株繁殖，于夏季高温时节，在植株茎干的适当部位，进行环状切割，深至木质部，并用小刀剥去环口皮层。然后涂抹萘乙酸，再用白色塑料薄膜扎于切口下端，装上用苔藓和山泥土混合配制的生根茎质，浇透水。把植株置于室外，加强肥水管理。一个月左右便有新根出现，9~10个月便可另行栽培，成为一棵独立生长的植株。

病虫防治

龙血树的病害有黑斑病，可喷洒百菌清、扑海因、代森锰锌、喷克等；虫害有红蜘蛛，可用三氯螨醇喷洒，此药对成虫、若虫和虫卵均具有良好的杀伤作用。

36 龟背竹

Monstera deliciosa
天南星科龟背竹属

🌥 **土壤：**深厚和保水力强的腐殖土

💧 **水分：**怕干燥，耐水湿

🌡 **温度：**喜温暖，不耐寒

☀ **阳光：**喜阳光

形态特征

　　龟背竹，又名蓬莱蕉、铁丝兰、穿孔喜林芋、龟背蕉、电线莲、透龙掌，天南星科龟背竹属攀援灌木。植株的绿色茎粗壮，且具气生根。叶柄呈绿色，浆果呈淡黄色，柱头周围有青紫色斑点。主要品种有：迷你龟背竹、窗孔龟背竹、星点龟背竹、孔叶龟背竹、翼叶龟背竹、洞眼龟背竹等。

产地

　　原产于墨西哥，热带地区多引种栽培供观赏。中国各省市均有种植。

植物文化

　　龟背竹具有延年益寿的寓意。

日常养护

浇水

夏季生长期间，需每天浇水两次，叶面常喷水，保持较高的空气湿度。春秋季节，2~3天浇水一次。保持土壤湿润。冬季3~4天浇一次水，宁湿勿干。浇水是培育龟背竹的重要环节，浇水少枝叶发育停滞；浇水太多可能招致烂根死亡；水量适度，则枝叶肥大。

施肥

生长期每半个月施肥一次，秋季可在阔叶树落叶时大量收集，加入少许土、水沤制；也可用人粪尿加土沤制。冬季不施肥。追施液肥时，要做到薄肥勤施，不可施浓肥和生肥。

繁殖

龟背竹可以用扦插繁殖，可在早春进行，用龟背竹1~2个茎节截为一段，去除气生根。将准备好的枝茎插入沙床中，保持一定的温湿度。两个月左右即可扎根，长出新芽。

摆放在阳台角落的龟背竹

价值作用

龟背竹除美化功用外，还有一定的食用价值。花果可食用。肉穗花序鲜嫩多汁，在原产地多作上等蔬菜食用，清凉爽口。花序外面的黄色苞片可生食，也可裹面油煎后熟食，浆果可作水果食用，味似菠萝，也可制作饮料。

绿饰应用

龟背竹株形优美，叶片形状奇特，叶色浓绿，且富有光泽，整株观赏效果较好，是著名的室内盆栽观叶植物。它具有夜间吸收二氧化碳的奇特本领，含有许多有机酸，这些有机酸能与夜间吸收的二氧化碳产生化学反应，变成另一种有机酸保留下来。到白天，这种变化的有机酸又还原成原来的有机酸，而把二氧化碳分解出来，进行光合作用，有一定净化空气的作用。

病虫防治

龟背竹易遭介壳虫危害，茎叶上易出现介壳虫，要及时防治。可用旧牙刷清洗后，再用氧化乐果液喷洒。

37 紫薇

Lagerstroemia indica L

千屈菜科紫薇属

土壤：疏松、肥沃的中性或偏酸性土壤。

水分：耐旱、怕涝

温度：喜温暖

阳光：喜阳光

形态特征

紫薇，又名紫兰花、紫金花、蚊子花、百日红、无皮树等，千屈菜科紫薇属落叶灌木或小乔木。紫薇花的树皮平滑，纤细的枝干多扭曲；叶互生或对生，花萼平滑无棱，蒴果呈椭圆状球形或阔椭圆形。主要品种有：紫薇、翠薇、赤薇、银薇等。

产地

原产于亚洲，广植于热带地区。中国各省市均有生长或栽培。

植物文化

紫薇花语是好运、雄辩、女性、沉迷的爱；紫薇花还是江苏金坛市、山东烟台市、河南济源市的市花。

浇水

春季萌芽前，1~2天浇一次透水。夏季，每天早晚浇一次透水，并向叶面和周围洒水。秋季和春季相同，1~2天浇一次透水。冬季，控制浇水，5~7天浇一次水，盆土稍湿润即可。浇水以河水、井水为好，自来水则需贮存2~3天再用来浇紫薇。

施肥

立春至立秋期间，每隔10天施一次肥。立秋后每半个月追施一次肥，立冬后，停止施肥。紫薇喜肥，盆栽每年都要翻盆换土，并施用基肥，施肥以"薄肥勤施"为原则。

繁殖

选取一年生木质化、无病虫害的壮枝进行扦插。扦插条长15厘米左右，插入疏松、排水良好的沙土壤中，插入苗床约2/3即可。浇透水，用薄膜搭棚封闭。苗株长成15~20厘米后将薄膜去掉，换成遮阴网，适时浇水养护。

健康小偏方

原料：紫薇花。
步骤：水煎服。
作用：治疗乳腺炎。

价值作用

紫薇具有药物作用，其皮、木、花有活血通经、止痛、消肿、解毒作用。种子可制农药，有驱杀害虫的功效。叶片可治白痢、花治产后血崩不止、小儿烂头胎毒、根治痈肿疮毒，紫薇可谓浑身是宝。

绿饰应用

紫薇花花色艳丽，花期长，有"盛夏绿遮眼，此花红满堂"的赞语，是观花、观干、观根的盆景良材。而且对二氧化硫、氟化氢及氯气的抗性强，能吸入有害气体，又能吸滞粉尘，起到了净化空气的效果。

病虫防治

紫薇易患黄刺蛾害，防治措施应该结合冬季的修剪，清除树枝上的越冬茧；药剂治理可以在幼虫扩散前施用，喷施敌敌畏乳油或辛硫磷乳油或溴氰菊酯乳油进行防治。

38 米兰

Aglaia odorata
棟科米仔兰属

- 🌥 土壤：疏松、肥沃的微酸性土壤
- 💧 水分：喜湿润
- 🌡 温度：喜温暖，不耐寒
- ☀ 阳光：喜阳光，稍耐阴

形态特征

　　米兰，又名树兰、碎米兰，楝科米仔兰属常绿灌木或小乔木。植株多分枝，幼枝顶部具有星状锈色鳞片，长大后脱落。奇数羽状复叶，叶片互生，叶轴有窄翅，圆锥花序腋生。花色多为黄色，具有芳香。浆果呈卵形或球形，有星状鳞片。主要品种有：台湾米兰、大叶米兰、四季米兰等。

产地

　　原产亚洲南部，广泛种植于世界热带各地。在中国各省市也多盆栽。

植物文化

　　米兰花语是生命就会开花、有爱；象征勇敢与激情。

日常养护

浇水

　　生长期间浇水要适量，注意不能积水，湿润即可。夏季气温高时，除每天浇灌1~2次水外，还要经常用清水喷洗枝叶并向放置地面洒水，提高空气湿度。冬季要减少浇水，不过干就行。米兰在浇水时忌盆土积水过多，以免引起落花落蕾；盆土也不可以过于干燥，以免造成叶子边缘干枯。

施肥

　　生长发育期间，需放在室外阳光充足的地方养护，并要注意适当多施些含磷素较多的液肥（施用碎骨末、鱼刺、鸡骨等炮制腐熟的矾肥水）。米兰一年内开花次数较多，每开过一次花之后，都要及时追肥2~3次充分腐熟的稀薄液肥，这样才能开花不绝，香气浓郁。

繁殖

　　米兰以高空压条（在枝条上环状剥去皮层，并在环剥圈周围包裹培养基材）为主。在梅雨季节选用一年生木质化枝条，于基部20厘米处作环状剥皮1厘米宽。用苔藓或泥炭敷于环剥部位。再用薄膜上下扎紧，2~3个月可以生根。

健康小偏方

原料：米兰花。
步骤：沸水冲泡。
作用：醒酒止渴。

价值作用

米兰作为食用花卉，可提取香精，如米兰花茶。花、枝、叶均可药用，其性平和，有行气解郁、疏风解表、清凉宽中、醒酒止渴功效，可治胃腹胀满、噎嗝初起、咳嗽、头昏、感冒等疾病。米兰枝、叶，有活血化痰、消肿止痛作用，主治跌打损伤、风湿性关节炎、疮痛等病症。

绿饰应用

米兰花呈黄色，花香如幽兰，盆栽可陈列于客厅、书房和门廊，清新幽雅，舒人心身。在南方庭院中米兰又是极好的风景树。放在居室中可吸收空气中的二氧化硫和氯气，净化空气。

病虫防治

　　米兰易受红蜘蛛和介壳虫的危害，红蜘蛛用敌敌畏或乐果溶液喷洒植株；介壳虫用介杀溶液喷洒。介壳虫数量较少时可用毛刷人工刷除。高温高湿、通风不良容易引发煤污病，此时需要改善环境，用水冲洗叶片、枝干。

39 山茶

Camellia japonica

山茶科山茶属

- ☁ 土壤：红土、腐殖土等混合基质
- 💧 水分：喜湿润
- 🌡 温度：20～32 ℃
- ☀ 阳光：忌暴晒

形态特征

山茶，又名曼陀罗、海石榴、耐冬、橙花等，山茶科山茶属常绿灌木。植株的嫩枝具细柔毛，花味芳香，通常单生或2朵生于叶腋；花梗向下弯曲。主要品种有：石榴茶、鹤顶红、宝珠茶、玛瑙茶、蕉萼白宝珠、杨妃茶、正宫粉、照殿红等等。

产地

主要分布在中国和日本。中国的中部、南部各省区露地多有栽培。

植物文化

山茶花语是纯真无邪、谦让、了不起的魅力、理想的爱；花占卜：自认是这个世界上最微不足道的一部分，但在他人眼中，你却很好很优秀。花箴言：大彻大悟，才是最聪明的人。

日常养护

浇水

5～6月间是山茶花芽的分化阶段（营养生长向生殖生长的转化阶段），要适当控制水分，使盆土偏干。生长期间，要遵循"干透浇透"的原则。开花阶段，要经常浇水，保持土壤湿润。10月下旬天气转凉后，减少浇水，保持土壤微湿润即可。

施肥

春季萌芽后，每17天施一次薄肥水。夏季施磷、钾肥，初秋可停肥一个月左右。秋冬季因花芽发育快，应每周浇一次腐熟的淡液肥，并追施1～2次磷钾肥。开花时再施速效磷、钾肥，使花大色艳，花期长。山茶喜肥。一般在上盆或换盆时在盆底施足基肥，氮肥过多易使花蕾焦枯。

繁殖

山茶可用扦插繁殖，选择生长良好、半木质化枝条，除去基部叶片，保留上部叶子，用利刀切成斜口，立即将其浸入水中5～15分钟后，拿出枝条，晒干，插入沙盆。栽后浇水，置于烈日暴晒不到的地方，注意通风，两个月即可生根。

健康小偏方

原料： 山茶花4～6朵，仙鹤草15克，莲藕50克，白茅根50克。

步骤： 以6碗水煎成2碗，分三餐服用。

作用： 治疗流鼻血、咯血、咳嗽。

价值作用

山茶是美的象征，鲜丽的山茶花是山茶树的精华。去掉雌雄蕊的山茶花瓣无毒，花瓣中含有丰富的多种维生素、蛋白质、脂肪、淀粉和各种微量的矿物质等营养物质，还含有高效的生物活性物质。

绿饰应用

山茶是中国西南的"八大名花"中最享有盛名的一种，世界名花之一。具有很高的观赏价值。其植株具有很强的吸收二氧化碳的能力，对二氧化硫、硫化氢、氯气、氟化氢和烟雾等有害气体，都有很强的抗性，因而能起到保护环境、净化空气的作用。

病虫防治

山茶虫害以蚜虫、蚧壳虫、卷叶蛾、造桥虫等为主，主要防治药剂用氯腈菊酯加水胺硫磷液喷雾。主要病害有轮纹病、枯梢病、叶斑病、烟煤病等，可用百菌清、克霉灵、退菌特、多菌灵、定期防治，花前要注意灰霉病、花枯病防治。

Chapter

04

将有害气体变成有益气体的植物

植物能够将有害气体吸收附着于叶片表面，将有害气体和粉尘加入其新陈代谢的过程中，并在物质转变时，起到过滤的效果，去其毒性，改善室内空气质量，带给人们清新、健康的生活。

琴叶榕
Ficus lyrata
桑科榕属

土壤：微酸性土壤

水分：喜湿润

温度：25～35℃

阳光：喜阳光

形态特征

琴叶榕，又名琴叶橡皮树，桑科榕属常绿乔木，茎干直立生长，叶柄较短，革质叶片全缘光滑，叶色深绿或黄绿，叶脉中肋在叶面位置凹下并在叶背位置显著隆起，侧脉非常明显，果球形的花上长有白斑，成对或单一。主要品种有：全缘琴叶榕、条叶榕、线叶台湾榕、全缘榕、狭叶全缘榕、小叶榕等。

产地

原产于非洲，分布在中国、越南、泰国等地。中国的主要栽培区集中在淮河以南。

植物文化

琴叶榕的叶子像一把小提琴，而且它的果绿色有很多白色的斑点，一段时间后又呈现出红色，就是诗经里所说的"绿萝"。

浇水

　　春夏季琴叶榕生长量较大，所需的水分较多，须给予充足水分，同时增加叶面喷水。秋末及冬季控制浇水量。浇水量应取决于周围环境温度的高低，春夏两季需水量较大，休眠期应减少水量，保持盆土湿润。夏季可适当淋浴小雨以利生长，定期喷洒温水，长势还会更好，浇水也以微酸性为好。

施肥

　　春夏生长季节须施液肥或颗粒复合肥，以促进植株生长和叶片浓绿。秋末及冬季一般不施肥或少施肥，但可在冬季来临前一个月左右增施磷钾肥。从新叶展开时起至8月中旬，每隔10天施肥一次，以氮肥为主。生长量大时，可多施肥，停止生长或休眠时不施肥。

繁殖

　　扦插时选1~2年生枝干，在其离盆土面20~30厘米处剪下，将条切为3~4节茎段，作为插穗，每段插穗留一片叶，并将叶片剪去2/3~3/4,以减少水分蒸发。先将插穗伤口浸于水中或用草木灰等沾伤口，以免树液流出。插穗插于以河沙或珍珠岩培成的插床，并注意保持播床温度及周围较高的空气湿度，在25~30℃温度下一个月左右可以生根。

病虫防治

　　琴叶榕病的主要病害是疫腐病，轻者叶片枯死，重者全株死亡。盆栽植株发病后要迅速移至通风向阳有充分光照处，叶面不要喷水，并要剪除重病叶。轻病叶可将病斑连同部分健康组织剪除，再喷洒波尔多液保护，或喷洒代森锌可湿性粉剂液、甲霜灵可湿性粉剂液等，注意药剂轮换使用。

健康小偏方

原料：琴叶榕根100克，马蓝100克。
步骤：水煎服。
作用：治黄疸。

价值作用

琴叶榕，别名山沉香、过山香、山甘草、牛根子，根和叶都可入药，可内饮，也可外敷。功能主治：祛风理湿，和瘀通乳。治黄疸、疟疾、痛经、闭经、乳痛、腰背酸痛，跌打损伤、毒蛇咬伤，是《中华医药》一书中记载的一种颇为常见的中药材之一。

绿饰应用

琴叶榕株形高大，挺拔潇洒，叶片奇特，盆栽适于布置客厅的环境绿化装饰，其能大量有效地吸收附着于其叶片上的这种有毒气体，在1~2天内，它能使90%的有害物质加入新陈代谢过程中，从而产生糖分、能量及其他清洁的自然物质。

41 醉鱼草

Buddleja

马钱科醉鱼草属

- 土壤：深厚肥沃的土壤
- 水分：不耐水湿，耐旱
- 温度：15～40℃，耐寒
- 阳光：喜阳

形态特征

醉鱼草，又名鱼尾草、五霸蔷薇、痒见消、闭鱼花，为马钱科醉鱼草属落叶灌木，树皮茶褐色，植物多分枝，纸质的叶片对生，穗状花序顶生。主要品种有：大叶醉鱼草、互叶醉鱼草、密蒙花、圆叶醉鱼草、大序醉鱼草、大花醉鱼草等。

产地

主要分布于中国的西南及浙江、江西、福建、江苏、湖北、湖南、安徽、广东、广西等地。

植物文化

醉鱼草在我们生活中并不是不常见，在一些园林中，都可以看到醉鱼草的影子。醉鱼草的适应性很强，给人一种坚韧不拔的精神，其花语是信仰心。

日常养护

浇水

每年灌水1~2次，即可生长开花，是节水耐旱的良好观赏植物。

施肥

极少施肥，在定植前施腐熟的基肥即可。

繁殖

在春季进行，用休眠枝作插穗。扦插时选两年生枝干，将枝条切为3~4节茎段，作为插穗。插穗插于河沙或珍珠岩的插床中，并注意保持插床温度及周围较高的空气湿度，一个月左右可以生根，插后2~3年开花。

健康小偏方

原料： 鲜醉鱼草全草，25~40克。
步骤： 酌加红酒、开水炖一小时，内服。
作用： 治疟疾。

价值作用

醉鱼草主治痄腮、痈肿、瘰病、蛔虫病、钩虫病、诸鱼骨鲠。祛风，杀虫，活血。治流行性感冒，咳嗽，哮喘，风湿关节痛，蛔虫病，钩虫病，跌打，外伤出血，痄腮，瘰病。而且醉鱼草提取物中的精华物具有亲肤性，深入肌肤深层迅速提升含水量，从"肌蕊"开始调理养护，唤醒肌肤美白储水力，呈现丝缎般盈亮水嫩肌肤。

绿饰应用

醉鱼草在园林绿化中可用来植草地，也可用作坡地、墙隅绿化美化，装点山石、庭院、道路、花坛都非常优美，也可做切花，作为室内装饰不但可以清新空气，还可以驱除蚊虫，是蚊虫的杀手。

病虫防治

醉鱼草病虫害很少。

42 水仙

Daffodi

石蒜科水仙属

🌥 **土壤**：肥沃的沙质土壤

💧 **水分**：喜水

🌡 **温度**：喜温暖，不耐寒

☀ **阳光**：喜阳光

形态特征

　　水仙，又名凌波仙子、洛神香妃、金银台、姚女花、玉玲珑等，为石蒜科水仙属植物，须根由鳞茎盘上长出，基部与球茎盘相连，扁平带状的叶片为仓绿色，花序轴由叶丛抽出，中间是空的。主要品种有：喇叭水仙、围裙水仙、仙客来水仙、明星水仙、三蕊水仙、红口水仙等。

产地

　　主要分布在东亚，中国分布于福建、浙江等沿海地区。在荷兰、比利时、英国等国也有种植。

植物文化

　　水仙花语：自恋、诚实、敬意、陶醉。
　　中国水仙：多情、想你。
　　山水仙：美好时光，欣欣向荣。
　　黄水仙：重温爱情。
　　西洋水仙：期盼爱情、爱你、纯洁。

玻璃容器养殖的水仙

原料：水仙鳞茎。

步骤：捣碎。

作用：治痈肿疮毒、虫咬、鱼骨哽。

价值作用

水仙花花香清郁，鲜花芳香油，经提炼可调制香精、香料；可配制香水、香皂及高级化妆品。水仙香精是香型配调中不可缺少的原料。清香隽永，采用水仙鲜花窨茶，制成高档水仙花茶、水仙乌龙茶等，茶气隽香、味甘醇。

绿饰应用

水仙花可以吸收家里放出的噪音，吸收家里放出的废气，释放出清新的空气。在书房和卧室，能营造出一种恬静舒适的气氛，显得文雅清静，环境良好，让人无论做事还是休息都会更加有力量。

病虫防治

水仙主要病虫害有根腐病、叶枯病、大褐斑病、线虫病、青霉病、曲霉病等，病发时可用福尔马林、稀高锰酸浸泡鳞茎，严重时将病株剔除并销毁。

日常养护

浇水

生长初期，水深维持在畦高的3/5处，使水接近鳞茎球基部。2月下旬，植株已高大，水位可略降低，晴天水深为畦高的1/3，如遇雨天，要降低水位，不要让水淹没鳞茎球。刚上盆时，水仙可以每日换一次水，以后每2~3天换一次，花苞形成后，每周换一次水。

施肥

水养水仙，一般不需要施肥，如有条件，在开花期间稍施一些速效磷肥，花可开得更好。1月份不要施肥，2月下旬至4月中旬可以施少量追肥，以磷钾肥为主，5月停止施肥。

繁殖

把鳞茎先放在低温5~10℃处6周，然后在常温状态下把鳞茎盘切小，使每块带有两个鳞片，并将鳞片上端切除，留下2厘米作繁殖材料。用塑料袋盛含水的蛭石或含水的砂，把繁殖材料放入袋中，封闭袋口，置22~29℃并且没有光线的地方。经2~3月可长出小鳞茎，生成的小鳞茎移栽后的成活率高。

43 马蹄莲

Zantedeschia aethiopica Spreng

天南星科马蹄莲属

- 🌥 **土壤：** 疏松肥沃、腐殖质丰富的黏壤土
- 💧 **水分：** 喜水
- 🌡 **温度：** 0～20℃
- ☀ **阳光：** 喜阳光充足，稍耐阴

形态特征

马蹄莲，又名观音莲、水芋马、慈菇花，天南星科马蹄莲属，多年生草本植物。叶片翠绿色，花梗着生在叶片旁，高出叶丛，肉穗花序包藏于佛焰苞内，佛焰苞开张呈马蹄形，果实为肉质。主要品种有：白花、黄花、红花、粉花、彩色、黑心马蹄莲。

产地

原产于非洲东北部及南部，中国的台湾、福建、江苏、北京、四川、云南以及秦岭地区均有栽培。

植物文化

马蹄莲花语：博爱，圣洁虔诚，永恒，优雅，高贵，尊贵，希望，高洁、纯洁、纯净的友爱，气质高雅，春风得意，纯洁无瑕的爱。

日常养护

浇水

夏季除保持充足的水分外，早中晚宜向附近地面喷洒清水，以增加空气湿度。春秋保持土壤湿润。入冬之后，每周可用接近室温的浅水洗叶面一次，保持叶片清新鲜绿。

施肥

生长期内宜半个月追肥一次，切忌肥液浇入叶柄内。早春开花，可在12月份浇1~2次稀薄肥水。冬季马蹄莲在入温室之前，一般需施肥3次。入室后，室内施肥可每月一次或半个月一次，如果室温较高，则施肥次数可相应增多。马蹄莲也可水养，水养苗生长开花也正常，且不用施肥。

繁殖

栽培马蹄莲通常在秋后进行繁殖，马蹄莲可以采用分球繁殖的方法。具体操作是当植株进入休眠期后，剥下块茎四周的小球，另行栽植。也可播种繁殖，种子成熟后即行盆播。发芽适温20℃左右。

健康小偏方

原料：马蹄莲根茎。
步骤：捣烂外敷。
作用：解毒、消肿、止痛，预防破伤风。

价值作用

马蹄莲花有毒，内含大量草本钙结晶和生物碱，误食会引起昏眠等中毒症状。该物种为中国植物图谱数据库收录的有毒植物，其毒性为块茎、佛焰苞和肉穗花序有毒。咀嚼一小块块茎可引起舌喉肿痛。

绿饰应用

马蹄莲花朵美丽，春秋两季开花，单花期特别长，是装饰客厅、书房的良好盆栽花卉，也是切花，花束、花篮的理想材料。其能在空气中产生自由基，在超氧化物的活性作用下，分解空气中的霉、甲醛、乙醛、细菌或真菌释放出的毒素等，并将其分解为无公害的二氧化碳和水。在循环反复的过程中，净化空气。

病虫防治

马蹄莲的病虫害主要有细菌性软腐病、蚜虫、红蜘蛛等。细菌性软腐病可危害叶、叶柄和块茎，主要由块茎带菌传播，初发病时可用波尔多液喷雾防治。

44 百合

Lilium brownii var. viridulum

百合科百合属

土壤：肥沃、排水良好的沙质土壤

水分：忌干旱，喜湿润

温度：16～25℃

阳光：喜阳光

形态特征

　　百合，又名倒仙、强瞿、山丹、番韭，百合科百合属，多年生草本球根植物，茎直立生长，单叶互生呈夏线形，花着生于茎干顶端，呈总状花序，簇生或单生，花冠较大，花筒较长呈漏斗形喇叭状。主要品种有：宫灯、卷丹、兰州、铁炮、豹纹、杂交百合等。

产地

　　主要分布在欧洲、北美洲、亚洲的东部等北半球温带地区。在中国广泛种植。

植物文化

　　百合花素有"云裳仙子"之称，天主教就以百合花为玛利亚的象征；而梵蒂冈以百合花象征民族独立、经济繁荣；在中国有"百年好合"、"百事合意"之意，自古视其为婚礼必不可少的吉祥花卉。

不同品种的百合

日常养护

浇水

生长旺季和天气干旱时须适当勤浇，并常在花盆周围洒水，以提高空气湿度。花芽分化期、现蕾期和花后低温处理阶段要时常保持土壤湿润。百合生长期间喜湿润，但怕涝，定植后即灌一次透水，以后保持湿润即可，不可太潮湿。

施肥

生长期应每隔10～15天施一次（对磷肥要限制供给，因为磷肥偏多会引起叶子枯黄）。花期可增施1～2天磷肥。每年换盆时在盆底施足充分腐熟的堆肥和少量骨粉作基肥。百合喜肥，定植3～4周后追肥，以氮钾为主，要少而勤。但忌碱性和含氟肥料，以免引起烧叶。

繁殖

秋天挖出鳞茎，将老鳞上充实、肥厚的鳞片逐个分掰下来，每个鳞片的基部应带有一小部分茎盘，然后阴干。扦插于盛好沙石土的花盆中，鳞片的2/3插入基质（保持基质湿润，温度20℃左右），约1个半月，鳞片伤口处即生根。培养到次年春季，鳞片即可长出小鳞茎，移栽入盆中，3年左右即可开花。

🌥 土壤：排水良好、肥沃的中性土壤

💧 水分：喜湿润，忌水渍

🌡 温度：耐寒

☀ 阳光：喜光

形态特征

夹竹桃，又名半年红、柳叶桃、甲子桃，为夹竹桃科夹竹桃属常绿灌木，植株光滑无毛，茎直立生长，为典型的三叉分枝。聚伞花序顶生，花萼直立向上，花冠漏斗形，花瓣相互重叠，有红色、黄色和白色三种。

产地

原产于印度、伊朗等国，在中国的各省区均有栽培。

植物文化

桃色夹竹桃的花语：咒骂，注意危险。
黄色夹竹桃的花语：深刻的友情。

日常养护

浇水

春天每天浇一次。夏天每天早晚各浇一次。秋季以后，要减少浇水，抑制植株继续生长。夹竹桃有一个特性，只要有一次干旱脱水或水大积涝，植株下部叶片就会很快全发黄、脱落，因而浇水要适时适量。

施肥

清明施肥后，每隔十天左右追施一次加水沤制的豆饼水。秋分施肥后，每10天左右追施一次豆饼水或花生饼水，或10倍的鸡粪液。夹竹桃系植物，盆栽除施足基肥外，在生长期，每月应追施一次肥料。

繁殖

春季剪取1～2年生枝条，截成15～20厘米的茎段，浸于清水中，每隔一天换水一次，直到浸水部位发生不定根时即可扦插。扦插时应在插壤中用竹筷打洞，以免损伤不定根（扦插深度一般以地上部露一两个芽为宜）。扦插后一定要喷足水，使土壤与插条密切接触，15～20天即生根。

健康小偏方

原料：夹竹桃叶0.3～0.9克。
步骤：内服煎汤。
作用：强心利尿，祛痰定喘。

价值作用

夹竹桃的叶、茎、皮、木质、花，均有较显著的强心作用，治疗心力衰竭、喘息咳嗽、癫痫、跌打损伤、经闭、斑秃等。但是其也对人体有害，用夹竹桃叶煎剂口服，轻者出现呕吐、重者可致死亡。但有的患者出现呕吐后继续用药，其消化道症状反而日渐减轻。

绿饰应用

夹竹桃有抗烟雾、抗灰尘、抗毒物和净化空气、保护环境的能力。其叶片对二氧化硫、二氧化碳、氟化氢、氯气等有害气体有较强的抵抗作用。其叶片的含硫量比未污染的高7倍以上。夹竹桃即使全身落满了灰尘，仍能旺盛生长，被人们称为"环保卫士"。

病虫防治

夹竹桃易受到褐斑病和蚜虫的危害，不宜栽植过密，病发时清除病叶集中烧毁，减少菌源。发病初期可喷洒苯菌灵可湿性粉剂、多菌灵可湿性粉剂液、甲基硫菌灵悬浮剂液。

46 长春花

Catharanthus roseus

夹竹桃科长春花属

- 土壤：排水良好、通风透气的沙质或富含腐殖质的土壤
- 水分：忌湿怕涝
- 温度：喜高温，不耐严寒
- 阳光：喜光，耐半阴

形态特征

长春花，又名四时春、日日草、日日春、雁来红等，为夹竹桃科长春花属半灌木植物。全株无毛或有微毛，茎接近方形，膜质叶片倒卵状长圆形，花序聚伞腋生或顶生，种子黑色颗粒状小瘤。主要品种有：杏喜、蓝珍珠、冰箱、嚼样薄荷、冰粉、和平等等。

产地

原产于印度、地中海沿岸和热带美洲，在中国的长江以南地区栽培较为普遍。

植物文化

长春花花语：快乐回忆、青春常在。

日常养护

浇水

夏季高温也不应浇水太勤，给予与盆土的温度相近的水。冬季如若温度低于10℃，则需要控制浇水的次数，否则易烂根。长春花浇水时，要坚持按盆土表面见干见湿进行，浇水要一次浇透。

施肥

上盆或换盆时在培养土中加入适量的腐熟的有机肥作为底肥。生长期以稀薄的肥水代替清水浇灌盆土，既不伤根，也能保证植株生长茂盛、花朵艳丽。夏季温度高于28℃或冬季低于15℃应少施肥或不施肥，避免肥害。长春花生长期间开花不断，需要大量的肥料，所以要经常施肥，最好选择多元性的肥料，否则会因缺乏氮素而黄叶。

繁殖

长春花的繁殖可在早春进行温室播种（长春花果实因开花时间不同而成熟期也不一致，因此种子要随熟随采。果实成熟的标志是颜色转黑）。播种后要用细薄沙土覆盖，避免阳光直射，并用细喷壶浇足水，盖上薄膜或草帘以保持土壤湿润，7~10天即可出苗。出苗后撤掉薄膜或草帘，逐步加强光照。

健康小偏方

原料：长春花6~15克。
步骤：用水煎服或将鲜品捣烂敷在伤口上。
作用：治烧伤。

价值作用

长春花全草入药可止痛、消炎、安眠、通便及利尿等。但它的全株具毒性需斟酌注意。误食后，会造成四肢麻木、感觉异常、全身乏力、腱反射消失、肌肉疼痛，还可致便秘、麻痹性肠梗阻、脑神经麻痹等。

绿饰应用

长春花适用于盆栽、花坛和岩石园观赏，特别适合大型花槽观赏，无论是白花红心还是紫花白色，装饰效果都很好。而且其还可以吸收二氧化碳，并释放出氧气，吸食灰尘，起到空气净化的效果。

病虫防治

长春花易生猝倒病、灰霉病等，发现后应立即用清水浇透，加强通风，将危害降低。虫害主要有：红蜘蛛、蚜虫、茶蛾等。在生产过程中切忌不能淋雨。病发后及时喷洒铜高尚悬浮剂液，克露或克霜氰等。

47 散尾葵

Chrysalidocarpuslutescens

棕榈科散尾葵属

🌱 **土壤：**疏松、肥沃、排水良好的土壤

💧 **水分：**喜湿润

🌡 **温度：**10～20℃

☀ **阳光：**喜阳光

形态特征

散尾葵，又名紫葵、黄椰子，植株为丛生常绿灌木或小乔木。植物外表为黄绿色，有的会披有蜡粉，有的有明显纹状叶痕。羽状复叶细长，肉穗花序圆锥状，种子为倒卵形。

产地

原产于马达加斯加。在中国南方各省区（华南和西南地区）均有栽培。

植物文化

在风水学上，散尾葵属于旺位的植物，具有"生旺"的效果。

日常养护

浇水

夏季高温期，要经常保持植株周围有较高的空气湿度，但切忌盆土积水，以免引起烂根。秋冬季节少浇水，保持土壤干燥。浇水应根据季节遵循"干透湿透"的原则，盆土过湿时，由于影响了植物根部的呼吸作用，从而影响根系对水分的吸收，并导致植物体内缺水而出现叶片的焦尖与焦边。

施肥

春夏两季根据干旱情况，施用2~4次肥水。在冬季休眠期，主要是做好控肥控水工作。入冬以后开春以前，照冬季施肥方法再施肥一次。一般每1~2周施一次腐熟液肥或复合肥，以促进植株旺盛生长，叶色浓绿。施肥过浓会引起植物根部细胞的反渗透现象而使植物失水，程度较轻时会导致叶片的焦尖与焦边，严重时则会造成烂根死亡。

繁殖

选择基部分枝多的植株，去掉部分旧盆土，用刀在基部连接处将其切割成数丛，在伤口处需涂上草木灰或硫磺粉进行消毒。保留好根系，刚定植的植株，不要在强光下长时间照射。分栽后置于较高湿温度环境中，并经常喷水，有利恢复生长。

健康小偏方

原料： 散尾葵叶10~15克。
步骤： 炒炭煎汤。
作用： 祛除口中的涩味。

价值作用

《新华本草纲要》记载，散尾葵味苦，性凉，有收敛止血的功效，对吐血咯血、便血、崩漏等有治疗效果。

绿饰应用

散尾葵多作观赏树栽种于草地、树荫处、宅旁；北方地区主要用于盆栽，是布置客厅、餐厅、会议室、家庭居室、书房、卧室或阳台的高档盆栽观叶植物。在家居中摆放散尾葵，能够有效去除空气中的苯、三氯乙烯、甲醛等有挥发性的有害物质。具有蒸发水汽的功能，特别是冬季，室内湿度较低时，能有效提高室内湿度。

病虫防治

散尾葵易生叶枯病，轻者使叶片干枯，重者会导致植株整株死亡。防治方法是加强通风，发病期避免雨淋和喷淋；及时将受害枝叶剪除，涂抹达科宁药膏进行处理；如有病害发生可用甲基托布津液或百菌清液喷洒来控制病情。

凤仙花
Impatiens balsamina
凤仙花科凤仙花属

🌥 土壤：疏松肥沃的土壤

💧 水分：怕湿

🌡 温度：耐热不耐寒

☀ 阳光：喜阳

形态特征

凤仙花，又名指甲花、金凤花、好女儿花，为凤仙花科凤仙花属一年生草本植物。粗壮的肉质茎直立生长，叶片披针形、狭椭圆形或倒披针形，花单生或2~3朵簇生于叶腋，圆球形的种子为黑褐色。主要品种有：顶头凤仙、矮生凤仙、龙爪凤仙等。

产地

原产于印度、中国。中国各地广泛栽培，为常见的观赏花卉。

植物文化

凤仙花花语：别碰我。因为它的籽荚只要轻轻一碰就会弹射很多出籽儿来。其花本身带有天然红棕色素，可以用来染指甲和头发，用来修饰自己。

日常养护

浇水

夏季天气干燥，温度较高要及时浇水，早晨可一次浇足，傍晚若发现盆土已干燥时，须补浇一些。出苗后防止杂草争夺水分，应适时松土除草。天旱时及时浇水。春季处于生长期，适当多浇水，1~3天一次。冬天天气寒冷，少浇水，4~7天一次。

施肥

生长期少量浇灌肥水，以促进生长，施肥最好营养全面，可得到较多较大的花朵。冬季室外温度低于8℃，如果植株枯萎了就不要施肥，若移入室内，可适当施入淡肥水。

繁殖

可在4月播种，播种前，应将苗床浇透水，使其保持湿润。将种子均匀撒入土壤内，覆土后稍加镇压，随后浇水。播后保持土壤湿润，温度25℃左右时约10天可出苗。

健康小偏方

原料： 凤仙花150克，当归尾100克。
步骤： 浸酒饮。
作用： 治疗跌扑伤损筋骨，血脉不通。

价值作用

凤仙花是著名中药。花可活血消胀，治跌打损伤。花外搭可治鹅掌疯，又能除狐臭；种子煎膏外搭，可治麻木酸痛。祛风除湿；活血止痛；解毒杀虫。主治风湿肢体痿废；腰胁疼痛；妇女闭腹痛；产后淤血未尽；跌打损伤；外用解毒。用于闭经，跌打损伤，淤血肿痛，风湿性关节炎，痈疖疔疮，蛇咬伤，手癣等的治疗。

绿饰应用

凤仙花经过光合作用可以吸引二氧化碳，释放氧气，而人在呼吸过程中，吸入氧气、呼出二氧化碳，从而使室内空气氧和二氧化碳达到平衡。同时通过凤仙花的叶子吸热和水分蒸发可降低气温，在冬夏季可以相对调节温度，在夏季可以起到遮阳隔热作用，在冬季可造成富氧空间，其温室效应更好。

病虫防治

凤仙花易生白粉病，可用甲基硫菌灵可湿性粉液喷洒防治。如发生叶斑病，可用多菌灵可湿性粉液防治。凤仙花主要虫害是红天蛾，其幼虫会啃食凤仙花叶片。如发现有此虫害，可人工捕捉灭除。

49 郁金香

Tulipa
百合科郁金香属

土壤：疏松肥沃、排水良好的微酸性沙质土壤
水分：喜干燥
温度：8～28℃，耐寒
阳光：喜光

形态特征

郁金香，又名郁香、洋荷花、草麝香，为百合科郁金香属多年生草本植物。植株鳞茎扁圆，茎叶光滑具白粉，叶片比较宽大，花丝基部反卷。花色有白、粉红、洋红、紫、褐、黄、橙等，深浅不一，花瓣单色或复色。

产地

原产于地中海岸、中亚细亚、伊朗、土耳其以及中国东北地区。现已遍布世界各个角落。

植物文化

在郁金香花瓣上洒有红点的黄花，称为"国王的血"；在花瓣上有条纹分布的红花，称为"奥林匹克火炬"；而花瓣相互抱卷的绊红色花，叫做"情人的热吻"等等。郁金香还是荷兰的国花。

不同品种的郁金香

日常养护

浇水

生长过程中一般不必浇水，保持土壤湿润即可。天旱时适当浇1~2次透水。冬季3~5日浇水一次。郁金香对于水分要求适量即可，过量或太少都会对植物产生不好的影响。因此，浇水是不能让水分积淤在盆内，也不宜使介质完全干燥。

施肥

栽培时应施入充足的腐叶土和适量的磷、钾肥作基肥。出苗后、花蕾形成期及开花后进行追肥。冬季鳞茎生根，春季开花前，追肥两次。第一年种植的土壤如果土质较黏，可以将泥炭和复合肥混合，作为底肥，进行土壤改良。

繁殖

可在6月份将休眠植物的鳞茎挖起，去除表面的泥土，贮藏于干燥、通风、温暖的条件下，利于鳞茎花芽分化。分离出大鳞茎上的子球后放在5~10℃的通风处贮存，9~10月分栽小球，加入5~7厘米土壤种植即可。

健康小偏方

原料：郁金香花3~5克。
步骤：煎服。
作用：治疗脾胃湿浊、胸脘满闷。

价值作用

郁金香可作观赏性植物，亦可药用，其味苦、气寒，入心肺肝三经。鳞茎及根亦可治疗呕逆腹痛，口臭苔腻。但是它的花朵有毒碱，和它呆上一两个小时后会感觉头晕，严重的可导致中毒，过多接触易使人毛发脱落。

绿饰应用

郁金香品种繁多，花色明快、艳丽，群体功能强。可盆栽，放在阳台、客厅等处，使居室充满生机。而且郁金香叶面有无数的气孔，这些气孔可以吸收空气中的二氧化硫、氟、氯等有害气体。把这些有害气体吸入体内进行新陈代谢，吐出新鲜空气，还可以隔噪音、吸收太阳辐射，有利于人们健康。

病虫防治

郁金香易生软腐病、茎腐病、猝倒病、碎色病、蚜虫等病症。要在栽种前对土壤进行充分消毒，发现病株及时销毁，然后浇1~2次杀菌剂。蚜虫发生时，可用天然除虫菊酯喷杀。

50 滴水观音

Alocasia macrorrhiza

天南星科海芋属

🌥 **土壤**：疏松、排水和通气性好的土壤

💧 **水分**：喜湿

🌡 **温度**：20～30℃

☼ **阳光**：喜半阴

形态特征

滴水观音，又名羞天草、观音莲、狼毒等，为天南星科海芋属多年生常绿草本植物，地下有肉质根茎，叶柄较长，叶片盾状阔箭形，聚生在茎的顶部，叶片主脉明显，佛焰苞黄绿色。主要品种有：天荷、隔河仙、野芋头、山芋头、大根芋、大虫芋等等。

产地

原产于东亚、东南亚等地，中国的云南、湖南、贵州、江西、广西、广东等地均有栽培。

植物文化

滴水观音是开运植物之一，暗含佛教文化中的繁荣昌盛之意，同时寓意人们生活幸福美满、吉祥如意。

日常养护

浇水

滴水观音在夏天要多浇水，但不能过度，适宜时干时湿，在土中不能有积水，否则块茎会腐烂。冬季休眠时要减少浇水。滴水观音宜保持盆土湿润，可以把根部暴露一点，盆土见干浇水，一次浇透。

施肥

4～10月的生长季节，必须追施液体肥料，每周一次（应当加大氮肥的施用量）。冬季休眠期（或低于15℃），少施或不施肥。滴水观音生长快，比较喜肥，每月施1～2次氮、磷、钾复合肥（氮素比例可适当高一些），再施一点硫酸亚铁会使叶片更大更绿，长期缺肥容易造成滴水观音茎部下端空秃，影响观赏价值。

繁殖

截取老茎干上15厘米左右的枝条，置入阴凉处晾半天。扦插时保持基质（土壤）湿润，并保持空气的湿度，然后把选好的枝条插入土壤中栽培。培植期间每天早、晚对叶面进行喷水养护，10天左右即可生根。

健康小偏方

原料： 滴水观音根茎。

步骤： 根茎取出晒干或鲜用（操作时以布或纸垫手，以免中毒，再以清水浸漂6～7次，多次换水）。

作用： 清热解毒，散结消肿。

价值作用

滴水观音可以治疗肠伤寒，风湿痛，瘴疟，急剧吐泻，萎缩性鼻炎，疥癣，蛇、犬咬伤。但是滴水观音根、茎中的白色汁液有毒，滴下的"水"也有毒，如果皮肤接触，会导致瘙痒或强烈刺激，眼睛如接触可引起严重的结膜炎，甚至失明。植物红色的果实也有剧毒。

绿饰应用

滴水观音的绿叶可以吸取空气中的二氧化碳，在日光和叶绿素的共同作用下，可以与植物吸收的水分发生反应，形成葡萄糖，同时放出氧气，再由葡萄糖分子形成淀粉。滴水观音株形优雅美观，摆放在室内，能使房间散发勃勃生机。

病虫防治

滴水观音易生叶斑病、炭疽病，可用多菌灵、百菌清或甲基托布津液喷洒叶面，每隔一周一次，连续2～3次即可。如果生螨虫病或红蜘蛛，可用扫螨净、螨虫清、吡虫啉等药物进行治疗。

紫荆

Bauhinia blakeanaDunn

苏木科紫荆属

土壤：疏松、肥沃、排水良好的土壤

水分：喜湿润

温度：喜温暖

阳光：喜光

形态特征

紫荆，又名红花羊蹄甲，为苏木科紫荆属常绿乔木，革质叶片互生，椭圆形、圆形或肾形，花瓣为紫红色，中间的花瓣较大，其余四瓣两侧对成排列，紫荆花的香味清香自然。主要品种有：洋紫荆、红花紫荆、艳紫荆、香港樱花、香港紫荆等等。

产地

原产于中国，在中国河北、河南、广东、广西、山东、陕西以及湖北西部和辽宁南部均有种植。

植物文化

紫荆花花语：矢志不渝，不离不弃。

紫荆花在中国古代常被用来比喻亲情，象征兄弟和睦、家业兴旺。也被许多青年人当做爱情的信物，送给自己心爱的人。

日常养护

浇水

夏天及时浇水，并向叶片喷雾，雨后及时排水，防止水大烂根。入秋后如气温不高应控制浇水。入冬前浇足防冻水，直到第二年3月初再恢复浇水。

施肥

定植时施足底肥，以腐叶肥、圈肥或烘干鸡粪为好，与种植土充分拌匀后再用，否则根系会被烧伤。正常管理后，每年花后施一次氮肥，促使长势旺盛，初秋施一次磷钾复合肥，利于花芽分化和新生枝条木质化后安全越冬。初冬结合浇水，施用牛马粪。

繁殖

可在春夏之交进行扦插，以一二年生健壮枝条作插穗，长度为10厘米左右，上端截成平面，剪口应在芽眼上1厘米处，下端削成斜面，靠近茎节部。将准备好的枝条插于土壤中，浇透水，覆上薄膜覆盖。温度偏高时要通风降温，湿度低时要喷水。

健康小偏方

原料：紫荆花3~6克。

步骤：研末外敷。

作用：治疗血淋、疮疡、风湿筋骨痛。

价值作用

《本草纲目》记载：紫荆花的树皮、树枝、根须都是中药材。药性平和，味苦，能活血、消肿、解毒，主治月经闭止、气滞腹胀、咽痛牙痛、跌打损伤。树皮和花梗有解毒消肿之功效；种子可制农药，有驱杀害虫之功效。具有清热凉血、祛风解毒、活血通经、消肿止痛等功效。

绿饰应用

紫荆树冠雅致花大而艳丽，是热带、亚热带观赏树种之佳品。而且它具有强效吸收甲醛的功能，还能将吸收的甲醛分子分解掉，起到改善空气质量的效果。

病虫防治

紫荆易生叶枯病、枯萎病，秋季清除病落叶，集中烧毁，减少侵染源。发病时可喷洒多菌灵、代森锰锌可湿性粉剂液。如生蚜虫、褐边绿刺蛾、大蓑蛾，幼虫发生早期，以敌敌畏、敌百虫、杀螟松等杀虫剂喷杀。

土壤：疏松、排水良好的腐叶土

水分：喜湿润

温度：喜温暖，不耐寒

阳光：喜光

形态特征

　　虎刺梅，又名麒麟花、麒麟刺、铁海棠，为大戟科大戟属藤蔓状多刺植物。攀缘性的茎干多分枝，茎上有灰色粗刺，叶片卵形，老叶容易脱落。花成对着生成小簇，花簇又聚成二歧聚伞花序。

产地

　　原产于马达加斯加，现在世界各地均有栽培。

植物文化

　　虎刺梅的花语：倔强而又坚贞，温柔又忠诚，勇猛又不失儒雅。
　　其花高雅，清纯，孤傲，浓淡参差，疏密有致，美丽动人。

日常养护

浇水

　　春季浇水不宜过多，2~3天浇一次水。夏季为生长期，需充足水分，可每天浇一次透水。秋季，和春季相同，2~3天浇一次透水。冬季，严格控制浇水，保持土壤干燥。冬季温度低，叶片脱落，进入休眠期，应保持盆土干燥。在植物的花期，土壤湿度宜保持适中。

施肥

　　生长期每隔半个月施肥一次。立秋后停止施肥，忌用带油脂的肥料，以免根部腐烂。

繁殖

　　选取上一年成熟的枝条，剪成6~10厘米的小段，以顶端枝为好。剪口有白色乳汁流出，用温水清洗晾干后，再插入沙床。保持稍干燥，插后约30天可生根。

健康小偏方

原料：虎刺梅叶。
步骤：煎服。
作用：有拔毒泄火、凉血止血功效（遵医嘱后再服用）。

价值作用

虎刺梅全株生有锐刺，茎中白色乳汁有毒。虎刺梅类植物伤口分泌出的白色乳汁，对人的皮肤、黏膜有刺激作用，误食会引起恶心、呕吐、下泻、头晕等。家庭种植只要不随意折花给孩子玩，就不会造成危害。

绿饰应用

虎刺梅栽培容易，开花期长，红色苞片，鲜艳夺目，是著名的观花植物，常做盆栽欣赏，可以美化环境。虎刺梅本身不会释放有毒气体，所以室内栽植并不会对人体造成危害。

病虫防治

　　虎刺梅易生茎枯病和腐烂病危害，可用克菌丹溶液，每半月喷洒一次。虫害有粉虱和介壳虫危害，可用杀螟松乳油溶液喷杀。

53 含羞草

Bashfulgrass

豆科含羞草属

- ☁ **土壤：** 肥沃、排水良好的土壤
- ◌ **水分：** 喜湿润
- 🌡 **温度：** 喜温暖，不耐寒
- ☀ **阳光：** 喜光

形态特征

含羞草，又名怕丑草、知羞草，为豆科含羞草属，多年生草本植物。叶为羽毛状复叶互生，呈掌状排列，头状花序长圆形。主要品种有：有刺含羞草、无刺含羞草以及含羞草决明和光荚含羞草。

产地

原产于南美洲热带地区，在中国华南、华东、西南等地区较为常见。

植物文化

含羞草花语：害羞。

含羞草是一种很有趣的植物，当你触碰它的叶子时，叶子会慢慢合上，像害羞的少女一样。

浇水

夏天视盆土情况浇水，大概一天一次，不要让土壤变干，可经常向植株喷水。春秋两季2～4天浇水一次。冬季因温度过低，所以要少浇水，以免冻害根茎，应选在一天温度较高时浇水。

施肥

冬季处于休眠期，不施肥。春季萌动后，每月施一次肥水，以促进植株生长。夏季还应适当施肥，以利开花。秋后少施肥水，肥分过多，会导致植株徒长。如果害怕麻烦，含羞草可每月施肥一次，如果不想让株形过大，则要减少施肥量，甚至不需施肥。

繁殖

可在3月下旬至4月初进行播种，首先选择颗粒饱满的种子。然后将种子均匀撒在细土上，在表面再覆盖一层土，10天左右可出苗，长到5厘米左右即可定植。

病虫防治

含羞草一般很少有病虫害，最常见的虫害是蛞蝓虫，如有发现，可撒些石灰粉进行防治。如植株生长不好时，要查看是否光源不足或者是水分不够。

健康小偏方

原料： 含羞草全草15～60克。
步骤： 水煎服。
作用： 治疗急性肝炎。

价值作用

含羞草具有很高的药用价值，其具清热利尿、化痰止咳、安神止痛、解毒、散瘀、止血、收敛等功效。用于感冒、小儿高热、急性结膜炎、支气管炎、胃炎、肠炎、泌尿系结石、疟疾、神经衰弱；外用治跌打肿痛、疮痈肿毒、带状疱疹。

绿饰应用

含羞草可以预测灾害性的天气变化，对突发性的反季节性温差、地磁、地电等变化会产生有违常规的生长活动。我们可以在居室内摆一些盆栽含羞草植物，用以对自然灾害的预测防范。

54 垂榕

Ficus benjamina

桑科榕属

🌂 **土壤**：肥沃、疏松的腐叶土

💧 **水分**：喜湿润

🌡 **温度**：喜温暖，不耐寒

☀ **阳光**：喜光

形态特征

　　垂榕，又名黄金垂榕、垂叶榕，为桑科榕属常绿灌木或小乔木。灰色的树干直立生长，树冠为锥形。枝干易生气根，小枝弯垂状，全株光滑。椭圆形的叶片互生，叶片的先端比较尖，基部圆形或钝形。主要品种有：黄果垂榕、斑叶垂榕、花叶垂榕、迷你星、奇异、黄金之王等等。

产地

　　原产中国大陆、马来西亚、印度。

植物文化

　　垂榕在热带雨林的生存方式是"称雄霸道，杀死寄主，取而代之"。当动物把它的种子携带到其他树木上后，这些种子便会萌发，不断长大，逐渐将寄主树木包住勒紧，并借助寄主树来支撑自己躯体。寄主树最终由于输导组织被卡紧，营养亏缺而枯死，它自己却变成为独立的大树。

日常养护

浇水

生长旺盛期应经常浇水，保持湿润状态，并经常向叶面和周围空间喷水，以促进植株生长，提高叶片光泽。冬季盆土过湿容易烂根，须待盆干时再浇水。如果垂叶榕的盆土干燥脱水，易造成落叶，顶芽也会变黑干枯。冬季温度偏低时，要控制盆内水量。

施肥

盆土可采用富含腐殖质的混合土，如用堆肥与等量的泥炭土混合，并施入一些基肥作底肥。生长季施肥可以每两周施一次液肥，肥料以氮肥为主，适当配合一些钾肥。冬季少施肥或不施肥。

繁殖

在4~6月进行扦插繁殖。选取生长粗壮的成熟枝条，取嫩枝顶端，除去下部叶片，再将剪口的乳汁用温水洗去或用火烤干，然后插于沙床中，保持较高的空气湿度，温度在25℃左右，一个月即可生根。生根后上盆，置于阴凉处，待其长到25厘米左右再移至室外培养。

星光垂榕

健康小偏方

原料： 垂榕根、叶。
步骤： 水煎服。
作用： 治疗咳嗽。

价值作用

垂榕不但具有很高的观赏价值，而且还有很高的药用价值。它的气根、树皮、叶芽、果实能起到清热解毒、祛风、凉血、滋阴润肺、发表透疹、催乳等功效、可用于风湿麻木、鼻出血。

绿饰应用

垂榕的小型叶片使它们成为房间里的漂亮装饰，它经常被室内设计师用来营造欢快的氛围。而且垂榕也是十分有效的空气净化器。它可以提高房间的湿度，有益于皮肤和呼吸。同时还可以吸收甲醛、甲苯、二甲苯及氨气并净化混浊的空气，防辐射。

病虫防治

垂榕常见叶斑病危害，发病初期可用波尔多液喷洒2~3次防治。常有红蜘蛛危害，则用三氯杀螨醇乳油液喷杀。

☁ 土壤：腐叶土、河沙和园土的混合培养土

💧 水分：喜湿润

🌡 温度：喜温暖，不耐寒

☀ 阳光：忌阳光直射，耐半阴

形态特征

波士顿蕨，又名球蕨、肾厥，为骨碎补科肾蕨属多年生草本植物。叶片为羽状复叶，表面稍有褶皱，叶片呈淡绿色，匍匐茎可向四方伸展开来并长出新的小芽。主要品种有：密叶波士顿蕨、皱叶波士顿蕨、细叶波士顿蕨等。

产地

原产于热带美洲。在中国北方和南方各省区均有栽培。

植物文化

波士顿蕨是蕨类植物中最受人们欢迎的大众情人。随微风轻轻摆动，绿影婆娑，恰似美少女迎风舞动，因此也叫优美蕨。

日常养护

浇水

夏天可1~2日浇水一次，每天向植株及周围环境喷水2～3次，以增加空气湿度。春秋季节，2～3天浇水一次，保持土壤湿润。秋冬则等泥土半干时再浇水。植株若因缺水而凋萎时，可将整盆泡入水中，并多向叶片喷雾。

施肥

生长期间宜施用稀释的腐熟饼肥（注意勿沾污叶面，以免伤害叶片，施用后要用清水清洗污染的叶片）。秋后少施肥，施肥过多，会导致植物徒长。冬季植株少施肥或不施肥。波士顿蕨重新长出大量新叶前，必须停止施肥。要是继续施用肥料，非但不会促使植株生长，反而容易导致根系腐烂的现象出现。

繁殖

先将植株倒置扣出花盆，抖去旧土。然后将植株切割成若干丛分别栽植。分栽的植株置于阴处缓苗一周左右，即可转入正常的养护。

健康小偏方

原料：肾厥10～20克。
步骤：煎水内服或捣烂后外敷。
作用：治疗腹痛、痢疾、蜈蚣咬伤、无名肿毒。

价值作用

波士顿蕨有祛风除湿、舒筋活络、解毒杀虫等功效。主治风湿筋骨疼痛、腰痛、肢麻屈伸不利、半身不遂、跌打损伤等。

绿饰应用

波士顿蕨极适合作为室内盆栽，它那淡绿色而有光泽的细长羽状复叶向下弯曲生长，显得潇洒优雅。将其摆放于室内较高处，任其自然垂下，形成绿色瀑布，让室内绿意盎然，给人充满活力、朝气蓬勃的感觉。它是植物中对付甲醛的能手，每小时能吸收大量的甲醛，被认为是最有效的"生物净化器"。另外，它还可抑制电脑显示器和打印机中释放出的二甲苯和甲苯。

病虫防治

波士顿蕨病害主要是叶斑病和猝倒病。可喷洒多霉灵、百菌清液防治。虫害主要是毛虫、介壳虫、粉蚧和线虫等造成的危害，可用敌敌畏、辛硫磷颗粒、敌百虫进行灭杀。

56 文竹

Asparagus setaceus
天门冬科天门冬属

☁ **土壤：** 通气、排水良好的混合土

💧 **水分：** 喜湿润

🌡 **温度：** 喜温暖

☀ **阳光：** 忌阳光直射

形态特征

　　文竹，云片竹、山草、鸡绒芝，为天门冬科天门冬属多年生常绿藤本观叶植物。肉质的根稍细长，茎的分枝极多，分枝基本上平滑，花期9~10月。主要品种有：细叶文竹、矮文竹、大文竹。

产地

　　原产于南非，在中国有广泛栽培。特别是在四川宜宾屏山县，随处可见。

植物文化

　　文竹的花语：象征永恒，朋友纯洁的心，永远不变。婚礼用花中，它是婚姻幸福甜蜜、爱情地久天长的象征。

浇水

夏季早晚都应浇水，浇水量可以稍多。春秋季节，2～3天浇水一次。保持土壤湿润。冬季在保持土壤湿润的情况下，每3～4天向叶面喷一次水。

施肥

生长期每月要追施1～2次含有氮、磷的薄肥，促使枝繁叶茂，施用其他液肥也可以。开花期施肥不要太多，在5～6月和9～10月分别追施液肥两次即可。文竹虽不十分喜肥，但盆栽时，尤其是准备留种的植株，应补充较多的养料。文竹的施肥，宜薄肥勤施，忌用浓肥。

繁殖

冬季当文竹的浆果成熟变成黑色时采摘，然后剥去果皮取出种子，洗干净，等到来年春季转暖后播种。适合播种在浅盆中，种子间隔2厘米左右，覆土不宜过深，盆土浸水后用玻璃或薄膜盖上，减少水分蒸发，保持盆土湿润，放置于阳光充足处。播种后保持温度在22℃左右，一个月左右发芽，幼苗长到5厘米左右高时，即可分苗移栽。

病虫防治

文竹易发生叶枯病，应适当降低空气湿度并注意通风透光。发病后喷洒波尔多液，或用多菌灵、托布津液进行防治。夏季易发生介壳虫、蚜虫病害，可用氧化乐果液喷杀。

健康小偏方

原料：文竹25～40克。
步骤：水煎加冰糖服。
作用：凉血解毒，利尿通淋。

价值作用

文竹对肝脏疾病、精神抑郁、情绪低落者有一定的调节作用，其具有润肺止咳、凉血通淋的作用。主治阴虚肺燥、咳嗽、咯血、小便淋沥、肺结核咳嗽、急性支气管炎、痢疾等。

绿饰应用

文竹姿态优美，枝干纤柔，层次分明，高低有序，经过立意构图制成盆景陈设阳台或室内，更显秀丽宁静。而且它在夜间还能吸收二氧化硫、二氧化氮、氯气等有害气体，并分泌出杀灭细菌的气体，减少感冒、伤寒、喉头炎等传染病的发生，对人们的身体健康有很大好处。

57 月季

Rosa chinensis
蔷薇科蔷薇属

土壤：疏松、肥沃、排水良好的微酸性土壤
水分：干湿适中
温度：不耐严寒和高温
阳光：喜阳光，忌夏日直射

形态特征

月季，又名月月红、长春花、四季花，为蔷薇科蔷薇属常绿灌木，茎为棕色偏绿，有钩刺或无刺，叶片宽卵形具尖齿，叶缘有锯齿，叶片两面无毛，托叶与叶柄合生，花生长在枝条的顶端，花朵一般为簇生，多为重瓣也有单瓣的。色彩多样，有朱红、大红、鲜红、粉红、金黄、橙黄、复色、洁白等色。

产地

中国是月季最主要的产区之一，在各省市均有栽培，其中河南南阳市被誉为"中国月季之乡"。

植物文化

月季被誉为"花中皇后"，是中国的十大名花之一。

月季的花语：美艳长新、幸福、等待有希望的希望。

不同品种的月季

日常养护

💧 浇水

　　春季1～2天浇水一次，保持土壤稍湿润。夏季高温，注意降温补湿。除了正常的浇水外，最好在上午、下午各向空气中喷一次水，创造湿润的环境，促进花叶生长。秋季月季持续开花，要补足水分，2～4天浇水一次。月季花的浇水原则是：不干不浇，干后必浇，浇则浇透。所以要结合浇水的原则与方法合理作业。

💠 施肥

　　早春换盆时，施以基肥，并混合砻糠灰、蚕豆壳、豆饼、鸡鸽粪等，使月季能不断从土中吸收氮磷钾等各种营养。5月以后是月季的生长旺季，每隔10天，要施追肥一次，可用腐熟发酵的鱼腥汁、菜叶汁等混合施入。进入冬季后停止施肥。

🌱 繁殖

　　选择当年生、无病虫害的健壮枝条，剪除枝条上部，剩下的部分截成10厘米左右的小段作插穗。扦插时不要伤及皮部，可用小木棒或手指在插床上插出一小洞，再将插穗放入洞内，扦插深度为插条长度的一半左右。插后用手将土压实，浇一次透水。用塑料薄膜棚遮阴，保湿，前10天勤喷水，后10天见干再浇水，保持稍干湿润状态。

原料：月季花。
步骤：水煎服。
作用：消肿止痛，治疗经期不调。

价值作用

月季花不仅是花期绵长、芬芳色艳的观赏花卉，而且是一味妇科良药。中医认为，月季味甘、性温，入肝经有活血调经、消肿解毒之功效。由于月季花的祛瘀、行气、止痛作用明显，故常被用于治疗月经不调、痛经等病症。

绿饰应用

月季在园林绿化中，有着不可或缺的价值。可以做成延绵不断的花篱、花屏、花墙，用于机关、学校、居民小区、城区广场等地方作装饰，而且也是室内装饰的佳品。不仅能净化空气，美化环境，还能大大降低周围地区的噪音污染，缓解火热夏季城市的温室效应。

病虫防治

　　月季易生蚜虫、红蜘蛛、白粉病等，可用草木灰浸泡一天后，滤清液喷洒，杀死蚜虫。严重时用尿素可杀死蚜虫、红蜘蛛等害虫。白粉病可用小苏打防治。

58 棕竹

Rhapis excelsa Henry ex Rehd

棕竹科棕竹属

土壤：疏松肥沃的酸性土壤。

水分：喜湿润，不耐积水。

温度：喜温暖。

阳光：喜光照，忌直射。

形态特征

棕竹，又名棕榈竹、矮棕竹观音竹、筋头竹等，为棕竹科棕竹属丛生灌木。茎呈圆柱形，叶掌状深裂，总花序梗及分枝花序基部各有一枚佛焰苞包着，密被褐色弯卷绒毛，果实球状倒卵形。主要品种有：多裂棕竹、矮棕竹、细棕竹、粗棕竹、丝状棕竹等。

产地

主要分布在东亚、东南亚地区，在中国的南部及西南部地区亦有分布。

植物文化

棕竹在风水学上有强大的生旺作用，植株越厚大越青绿则效果越好。将棕竹放在门口，财气会不请自来。

日常养护

浇水

夏季，每日浇水一次，并常向叶面喷水和地面泼水，以提高空气湿度，减少植株枝叶上的积尘。春季2~3天浇一次水，保持土壤湿润。冬季气温低，植株进入休眠，基本停止生长，故要节制浇水，盆土保持稍干。

施肥

夏秋是棕竹生长季节，每隔20天左右施一次腐熟饼肥水或人粪尿，能促使植株生长。春季，宜薄肥勤施，以腐熟的饼肥水较好，肥料中可加少量的硫酸亚铁，使其叶色翠绿。冬季气温低，植株进入休眠，停止施肥。棕竹盆栽可用腐叶土、园土、河沙等量混合配制作为基质，种植时可加适量基肥。

繁殖

春秋两季将丛状植株挖出进行分株。抖去旧土，从根基结合薄弱处剪断，每丛带茎干2~3个，并带有一部分根系。剪去一些较大的羽状复叶后进行上盆。待萌发新枝后再移至向阳处养护，然后进行正常管理。

病虫防治

棕竹有叶斑病、叶枯病和霜霉病危害，可选用甲基托布津、波尔多液喷洒防治。虫害主要有介壳虫，可用敌敌畏、氧化乐果液喷杀。

健康小偏方
原料：棕竹须根3~6克。
步骤：研末。
作用：止血。

价值作用
棕竹具有很高的药用价值，棕竹叶主治鼻衄、咯血、吐血、产后出血过多；根祛风除湿药；收敛止血药。将包着树干的棕皮割下后晒干，可以搓棕绳、编棕垫、串蓑衣等。

绿饰应用
棕竹树干笔直而上，伞形树干，是优良的室内观赏植物。属于大叶观赏植物的棕竹能够吸收多种有害气体，净化空气，同时棕竹还能消除重金属污染并对二氧化硫污染有一定的抵抗作用。具有作为叶面硕大的观叶植物，它还具有消化二氧化碳并制造氧气的功能。

59 君子兰
Clivia miniata
石蒜科君子兰属

土壤：深厚肥沃疏松的土壤
水分：喜湿润
温度：怕炎热又不耐寒
阳光：喜半阴

形态特征

君子兰，又名大叶石蒜、达木兰等，为石蒜科君子兰属多年生草本植物。茎基部的叶基呈鳞茎状。基部的叶质厚，色泽深绿，盛花期自元旦至春节，以春夏季为主，可全年开花。主要颜色有橙黄、淡黄、橘红、浅红、深红等。

产地

原产于非洲南部，现在世界范围内广泛栽培。中国各省市均有种植。

植物文化

君子兰花语：高贵，有君子之风、君子谦谦，温和有礼，有才而不骄，得志而不傲，居于谷而不自卑。

不同品种的君子兰

日常养护

浇水

春季，每天浇水一次，浇水量以保持盆土湿润为度。夏季，需每天早晚各浇一次，用细喷水壶喷洒叶面及周围。秋季，1~2天浇一次水，浇水量以保持盆土湿润为宜。冬季，5~7天浇一次水，忌积水，湿润为宜。

施肥

春、秋季节施用液肥为好，在底肥薄淡的前提下可以在浇水时就随水带入淡淡的液肥。入伏后不宜施加任何肥料。

繁殖

先准备好瓦盆、腐殖土、少许木炭粉和切割用的刀。找出可以分株的腋芽（叶与柄交叉处生出的芽），用刀割下子株并立即用干木炭粉涂抹伤口，吸干流液、防止腐烂。将子株上盆种植。种植时，种植深度以埋住子株的基部假鳞茎为度，靠苗株的部位要使其略高一些，再盖上经过消毒的沙土。种好后随即浇一次透水，待两星期后伤口愈合时，再加盖一层培养土。一般须经1~2个月生出新根，1~2年开花。

健康小偏方

原料：君子兰。
步骤：从中提取石蒜碱。
作用：抗癌。

价值作用

君子兰中的石蒜碱主要用于消化道肿瘤，如胃癌、肝癌、食道癌等的治疗上，对淋巴癌、肺癌也有一定疗效。石蒜碱除了具有上述功效外，尚有较明显的催吐作用，其催吐效果比吐根碱还强。同时，石蒜碱毒性低，可用于各种类型中毒的催吐剂。

绿饰应用

君子兰株体，特别是宽大肥厚的叶片，有很多的气孔和绒毛，能分泌出大量的黏液，经过空气流通，能吸收大量的粉尘、灰尘和有害气体，对室内空气起到过滤的作用，减少室内空间的含尘量，使空气洁净。因而君子兰被人们誉为理想的"吸收机"和"除尘器"。

病虫防治

君子兰常见的病虫害有白绢病、软腐病、炭疽病，介壳虫等。可喷洒多菌灵、福美、亚胺硫磷等进行根治。

60 令箭荷花
Nopalxochia ackermannii
仙人掌科令箭荷花属

- 土壤：肥沃、疏松、排水良好的沙质壤土
- 水分：喜湿润、耐干旱
- 温度：喜温暖
- 阳光：喜半阴

形态特征

令箭荷花，又名孔雀仙人掌、孔雀兰、荷令箭，为仙人掌科令箭荷花属多年生多肉草本植物。植物单花生于茎先端两侧，花朵较大呈钟状，花被张开并翻卷，花丝、花柱弯曲，花色有紫、红、粉、黄、白等色。

产地

原产于美洲热带地区。中国分布于广西、江苏、浙江、福建、广东、辽宁等地。

植物文化

令箭荷花是五行属火的植物，适合摆放朝东或者朝西的阳台，其属火的特质有利于这两个方位，可以对家里的气场有所调整和改善。

不同品种的令箭荷花

原料：令箭荷花茎。
步骤：捣碎敷。
作用：活血止痛。

价值作用

令箭荷花具有解毒，消肿的功效。外用于跌打损伤，疔疮肿毒，毒蛇咬伤。

绿饰应用

令箭荷花像令箭，又像荷花，开花的时候高贵，艳丽，不只花色鲜艳，花形美丽，而且花多，生长快。摆在家中可以体现主人的个人品位，让家里更添美丽。它会在白天关闭叶片背面的气孔，到了晚上，待周围环境气温降低到适当温度后，才开启叶片背面的气孔，排出氧气，吸收二氧化碳。所以把令箭荷花摆放在卧室中，可以给睡觉中的人带来新鲜空气，有益于我们的身体健康。

病虫防治

令箭荷花常发茎腐病、褐斑病和根结线虫危害，可用多菌灵可湿性粉剂喷洒，根结线虫用二溴氯丙烷乳油浇灌防治。通风条件较差易受蚜虫、介壳虫和红蜘蛛危害，可用杀螟松乳油喷杀。

日常养护

浇水

春季，5天左右浇水一次。夏季，3天左右浇水一次，保持盆土湿润。秋季与春季相同，浇水宜见干见湿。冬季，减少浇水，保持盆土偏干。在春夏时节，须经常用清水喷洒变态茎，并向花盆周围地面洒水，以保持较高的空气湿度，将有利于令箭荷花的生长和开花。

施肥

春季，每10~15天施氮、磷结合的肥料一次，促花叶健壮成长。夏季生长旺盛期，应及时施入1~2次以氮为主的追肥。秋季，施2~3次追肥，以磷、钾肥为主。冬季，停止施肥。

繁殖

于每年3、4月份进行扦插繁殖。剪取10厘米长健康扁平茎作插穗。插穗要晾2~3天，再插入湿润砂土或蛭石内。深度以插穗的1/3为度，温度保持在10~15℃。经常喷水，一个月即可生根并进行盆栽。

石蒜

Lycoris radiata Herb

石蒜科石蒜属

- 土壤：疏松、肥沃、深厚的腐殖壤土
- 水分：喜湿润
- 温度：喜温暖，不耐寒
- 阳光：忌阳光直射

形态特征

石蒜，又名龙爪花、老鸦蒜、彼岸花、曼珠沙华，为石蒜科石蒜属多年生草本植物，鳞茎广椭圆形，叶片线形或带形。花茎在叶片之前抽出，中间是空心的。主要种类有：红花品系、白花品系、黄花品系及复色品系等。

产地

原产于东亚的中国、日本，以及东南亚的越南等地。中国长江流域及西南各省区均有栽培。

植物文化

石蒜花本身，通常为红色、橙色、白色、黄色，其中红色与白色合称彼岸花，红色单称曼珠沙华，白色单称曼陀罗华，黄色又叫忽地笑。其名称颇具文学意味。

日常养护

浇水

夏季休眠期要少浇水。春秋季需经常保持盆土湿润。越冬期间严格控制浇水，保持土壤略干燥。刚上盆的植株要先浇水一次，使土略微湿润即可，待发出新叶后再浇水。在秋季叶片增厚老熟时，可停止浇水。

施肥

生长季节每半个月追施一次稀薄饼肥水。落叶后至开花前，可使用有机肥或复合肥，做切花的，在花蕾含苞待放前施追肥。采花之后继续供水供肥，但要减施氮肥，增施磷、钾肥，使鳞茎健壮充实。

繁殖

在休眠期或开花后将植株挖起来，将母球附近附生的子球取下。将主球的残根修掉，晒两天，待伤口干燥后即可栽种。栽植时株与株间保持一定距离，覆土时，球的顶部要露出土面。播种繁殖：采种后应立即播种，20℃左右温度下半个月即可发芽。苗期可移植一次。

健康小偏方

原料：石蒜15～20克。
步骤：内服。
作用：治食物中毒，有强力催吐作用。（谨遵医嘱）。

价值作用

石蒜植物含有丰富的淀粉和胶质，可用于生产酒精和浆糊的糊料。提取的植物胶可代替阿拉伯胶，还可将其加工成石蒜粉，用于建筑涂料。

绿饰应用

石蒜冬季叶色深绿，覆盖庭院，打破了冬日的枯寂气氛。夏末秋初亭亭花茎破土而出，花朵明亮秀丽，雄芯及花柱突出甚长，非常美丽，可成片种植于庭院，也可盆栽。还能增添建筑艺术效果，形成"空中花园"的空中立体景观，既可防风滞尘，净化空气，减少噪音，吸收、减弱太阳辐射、调节室内温度，解决城市热岛效应，又能给人以美的享受。

病虫防治

石蒜的常见病害有：炭疽病、细菌性软腐病，鳞茎栽植前用硫酸铜液浸泡30分钟，用水洗净晾干后种植。每隔半个月喷多菌灵可湿性粉剂液防治。发病初期用苯莱特液喷洒。

Chapter

05

促进睡眠
的植物

现代社会压力大，由于各种原因导致
失眠的人越来越多，在这里介绍几种
常见的能帮助睡眠的植物，以便提高
大家的睡眠质量。

62 薄荷

Mentha haplocalyx Briq

唇形科薄荷属

土壤：疏松肥沃、排水良好的沙质土

水分：喜湿润

温度：喜温暖

阳光：喜阳光

形态特征

薄荷，又名夜息香、银丹草，为唇形科薄荷属多年生草本植物，根茎横生于地下，全株气味芳香，唇形的小花淡紫色，花后结暗紫棕色的小粒果。主要品种有：假薄荷、柠檬留兰香、皱叶留兰香、兴安薄荷、欧薄荷、留兰香灰薄荷等。

产地

主要产区为英国、法国、美国、西班牙、意大利、巴尔干半岛等，中国的浙江、江西、江苏、云南等地均有种植。

植物文化

薄荷花语：有德之人，愿与你再次相逢，再爱我一次。

罗马人与希腊人在节庆时，喜欢把薄荷织成花环佩带在身上。埃及人则有把一包包薄荷与大茴香、小茴香充当赋税的做法。

日常养护

浇水

春秋天，2～4天浇一次水，保持土壤湿润。夏季多浇水，但要防止积水，冬天少浇水。薄荷喜欢在潮湿的气候下生长，要常保持盆土的湿度。

施肥

出苗时，施以粪水，促使幼苗生长。生长旺盛期，施粪水或碳酸氢铵，施肥后覆盖一层土。薄荷第一次收割后，施浓粪水加饼肥，促使再次生长。9月上旬，苗长高时再施一次粪水。施肥要以氮肥为主，施肥时期要选在幼苗期及收获后，新芽生育初期。

繁殖

秋季薄荷地上茎叶成熟后，及时除掉杂草，并施肥，促进萌芽分蘖。次年4～5月，当苗高达到10厘米左右时，挖出老株进行分株，株与株之间要有一定的距离。上盆后，施入粪尿作种肥，并用土稍稍压紧根部。

健康小偏方

原料：薄荷叶4～10克。
步骤：煎汤（不宜久煎）。
作用：治疗风热感冒。

价值作用

薄荷具有食用和医用双重功能。在食用上可作为调味剂，又可作香料，还可冲茶、泡酒等。医用上用于风热感冒，温病初起；头痛目赤，咽喉肿痛；麻疹不透，风疹瘙痒等。

绿饰应用

薄荷能促进人体新陈代谢，可舒缓肌肉疲劳，缓解神经痛，起到有利睡眠的效果，晕车严重时可直接把少量精油涂抹于鼻子前或太阳穴中，可唤醒昏迷者。而且其散发的特殊芬芳香气在化解难闻的气味或鱼腥味的同时，还能驱除蚊虫，使蚊虫闻之会晕眩。

病虫防治

薄荷的病虫害主要有斑枯病、锈病和银纹夜蛾等。斑枯病要及时摘除病叶深埋或烧毁，减少浸染源，也可用波尔多、代森锌叶面喷雾。锈病应在发病初期用粉锈宁或多菌灵液喷雾。银纹液蛾用敌百虫、溴氰菊酯、或杀灭菊酯液喷雾。

63 牡丹

Paeonia suffruticosa
芍药科芍药属

土壤：疏松、肥沃的土壤
水分：干湿适中
温度：不耐严寒和高温
阳光：喜阳光

形态特征

牡丹，又名木芍药、百雨金、洛阳花、国色天香、富贵花等，为芍药科芍药属落叶灌木。枝条直立挺拔，分枝短而粗，顶生小叶宽卵形，花单生于枝条的顶端，呈大小不一的长椭圆形。牡丹因品种不同，植株有高有矮、有直有斜、有丛有独、有聚有散，各有所异。花色多样，富于变化。有红、白、粉、紫、墨紫、绿、淡黄、雪青等色和复色。

产地

原产于中国，在全国大部分省市均有栽培，其中栽植面积最大的有洛阳、菏泽、临夏等地。

植物文化

牡丹：富贵，圆满，浓情。
秋牡丹：生命，期待，淡淡的爱。
牡丹以它特有的富丽、华贵和丰茂，在中国传统意识中被视为繁荣昌盛、幸福和平的象征。

不同品种的牡丹

🌱 日常养护

💧 浇水

春季视干湿情况浇水，保持土壤略微湿润即可。夏季天气炎热，蒸发量大，浇水量需多些。并要时常向空气中洒水。秋季适量浇水，3~5天一次，否则将影响来年开花。

💧 施肥

在叶和花蕾伸展时施第一次肥，对牡丹当年开花有促进作用。花谢后半个月之内施第二次肥，有利恢复植株的长势和促进花芽分化，对第二年开花数量有较大影响。秋、冬季施第三次肥，对增加来年春季生长有重要作用。全年共施三次肥，第一二次施肥，肥料以速效性的为主，第三次施肥肥料以基肥为主。

🌿 繁殖

将植株的根全部挖出，抖落泥土，放于室内或阴凉处1~2天，使其水分蒸发。待根稍发软时，用消过毒的小刀，除去老根。以2~3颗蘖芽为一株，用刀分开，并剪去大根，留下小根，在刀切伤口处涂上草木灰或硫磺粉。将植株上盆，栽后浇定根水，以后保持土壤湿润即可。

价值作用

牡丹不仅有观赏价值，而且还具有很高的药用价值。将牡丹的根加工制成"丹皮"，是名贵的中草药。其性微寒，味辛，无毒，入心、肝、肾三经，有散淤血、清血、和血、止痛、通经之作用，还有降低血压、抗菌消炎之功效，久服可益身延寿。养血和肝，散郁祛淤，适用于面部黄褐斑、皮肤衰老，常饮气血活肺，容颜红润，改善月经失调、痛经、止虚汗、盗汗。

绿饰应用

牡丹花花形优美，颜色绚丽、清雅别致，素有"国色天香""花中之王"的美称，置于室内不但赏心悦目，而且能够促进睡眠，还是不可多得的装饰佳品。

病虫防治

牡丹常见病害是褐斑病和根腐病，褐斑病可用波尔多液喷洒，对染病较重的叶子要剪下烧掉，以防处延。根腐病一定要剪除烧掉，并于栽植时在栽植穴中撒些硫磺粉。

64 鸢尾

Iris tectorum Maxim

鸢尾科鸢尾属

- 土壤：富含腐殖质、略带碱性的黏性土壤
- 水分：适度湿润
- 温度：喜湿润，耐寒
- 阳光：喜阳光

形态特征

鸢尾，因花瓣像鸢的尾巴而得名，又名蓝蝴蝶、乌鸢、扁竹花、紫蝴蝶、屋顶鸢尾等，为鸢尾科鸢尾属多年生草本植物。根状茎粗壮，叶片黄绿色，6片花瓣状的叶片构成植物的包膜，梨形的种子黑褐色。

产地

主要产在中国的湖南、湖北、江苏、江西、安徽、甘肃等地。

植物文化

鸢尾花象征爱情和友谊，鹏程万里，前途无量，明察秋毫。在古代埃及，鸢尾花是力量与雄辩的象征。此外，鸢尾还是属羊人的生命之花，代表着使人生更美好。

日常养护

浇水

春秋两季每天下午浇水一次。夏季，植株生长旺盛，每日早晚各浇一次水。冬季，每两周在上午浇水一次。鸢尾种植后土壤要保持湿润。此后，整个生长期内，浇水都以土壤稍湿润为宜。

施肥

每年秋季施肥一次，生长期可追施化肥。冬季较寒冷的地区，株丛上应覆盖厩肥或树叶等防寒。鸢尾对氟元素敏感，因此，含氟的肥料（磷肥）和三磷酸盐肥料应禁止使用。反之，如二磷酸盐肥料则可使用。

繁殖

将根茎挖起，去掉老根，每株分成3~5株。每个小株带有2~3个健壮的芽，然后种在土中。栽植时，发白的一面朝下，灰色的一面朝上。操作时，小心地将球茎的3/4部分按入土中。在土壤变干前覆盖上稻草、稻壳或遮阴网。

健康小偏方

原料：鸢尾根3克。
步骤：研细用白开水或兑酒吞服。
作用：治疗积食。

价值作用

鸢尾能活血祛瘀，祛风利湿，解毒，消积。用于治疗跌打损伤，风湿疼痛，咽喉肿痛，食积腹胀，疟疾；外敷可治痈疖肿毒，外伤出血。但其全草有毒，以根茎和种子较毒，尤以新鲜的根茎更甚。

绿饰应用

鸢尾叶片碧绿青翠，花形大而奇，宛若翩翩彩蝶，是庭园中的重要花卉之一，也是优美的盆花、切花和花坛用花。将其置于居室之中可以改善室内的空气，那淡淡的花香也会为你的居室带来醉人的气息，让你悠然放松地在其中休息，拥有一个良好的睡眠。

病虫防治

鸢尾常见的病虫害有白绢病、鸢尾锈病和鸢尾叶斑病。白绢病用托布津可湿性粉剂液浇灌。锈病及叶斑病用波尔多液喷洒两次。

65 萱草

Hemerocallis fulva
百合科萱草属

- 土壤：富含腐殖质，排水良好的土壤
- 水分：喜湿润，也耐旱
- 温度：耐寒
- 阳光：喜阳，耐半阴

形态特征

　　萱草，又名金针菜、黄花菜，为百合科萱草属多年生宿根草本。具有短根状茎和粗壮的纺锤形肉质根。基部生长的叶片宽线形，花呈顶生聚伞花序，花朵为漏斗形。蒴果内有亮黑色种子数粒。主要品种有：金针菜、黄花、童式萱草、小黄花菜、秋红萱草、橙花萱草等。

产地

　　主要产于欧洲南部经亚洲直至日本。在中国秦岭以南地区广泛分布。

植物文化

　　萱草花语：遗忘的爱。萱草又名忘忧草，代表"忘却一切不愉快的事"；放下他（她）放下忧愁；隐藏起来的心情；爱的忘却。

　　萱草同时又是中国的母亲花。

不同品种的萱草

日常养护

浇水

夏季要一日一浇，伏天要早、中、晚各浇一次。春天减少浇水量，3~5天一次。冬季少浇水，一周左右浇水一次即可。萱草喜湿润，要适时浇水，但忌讳土壤过湿或积水，所以要适时排水。

施肥

孕蕾期，需要大量水肥供应。这时正值暑夏，阳光充足，气候干燥，急需肥料的养分补充。开花期，在第一批花蕾开放结束后，要进行一次施肥。萱草要求施足冬肥（基肥），早施苗肥，补施蕾肥。

繁殖

可在春秋季播种，采取成熟的果实，将种子沙藏，早春萌发前播种，先施基肥，再覆盖一层薄土，将根栽入。栽种时种子间要有一定距离，栽后浇一次透水。幼苗期要加强喷水、遮阴、追肥水等培育管理工作，以促进幼苗生长良好。

价值作用

萱草可作蔬菜，称"金针菜"、"黄花菜"，萱草在现代化学染料出现之前，还是一种常用的染料。而且其还有很高的药用价值，叶具有利湿热、宽胸、消食的功效；根清热利尿，凉血止血；花利胸膈，安五脏。萱草还作为一种减缓记忆力衰退，降低高血压病患者病发几率的保健药材，被人们所熟知并且广泛应用。

绿饰应用

萱草花色鲜艳，绿叶成丛极为美观，宜做装饰之用。而且萱草对氟十分敏感，当空气受到氟污染时，萱草叶子的尖端就变成红褐色，此外，萱草还有帮助睡眠的功效。

病虫防治

萱草易生锈病、叶斑病和叶枯病，应在加强栽培管理的基础上，及时清理杂草、老叶及干枯花葶。在发病初期，锈病用粉锈宁喷雾防治，叶枯病、叶斑病用代森锰锌等喷雾防治。

66 紫罗兰
Wisteria sinensis Sweet
十字花科紫罗兰属

🌥 土壤：排水良好、中性偏碱的土壤
💧 水分：怕渍水
🌡 温度：喜冷凉
☀ 阳光：喜光

形态特征

紫罗兰，又名四桃克、草紫罗兰、草桂花，为十字花科紫罗兰属多年生草本植物。直立生长的茎多分枝。叶片矩圆形或倒披针形。总状花序顶生或腋生，两侧萼片基垂囊状，花梗粗壮，瓣铺张为十字形。花有紫红、淡红、淡黄、白色等颜色，植物具有微香。

产地

原产于地中海沿岸，在中国南部各省区广泛栽培。

植物文化

紫罗兰花语：永恒的美与爱；质朴，美德，盛夏的清凉；警戒，忠诚，我将永远忠诚；让我们抓住幸福的机会吧；在梦境中爱上你，对我而言你永远那么美。

不同品种的紫罗兰

原料：紫罗兰根30克。
步骤：炖猪肉吃。
作用：治疗体虚。

价值作用

紫罗兰甘而甜，有点像甘草。能够清热解毒、美白祛斑，滋润皮肤，除皱消斑，清除口腔异味，增强光泽，防紫外线照射，紫罗兰对呼吸道的帮助很大，对支气管炎也有调理之效。可以润喉，解决因蛀牙引起的口腔异味。紫罗兰不仅赏心悦目，还可以制花茶，沁心沁脾。

绿饰应用

紫罗兰不仅花色艳丽，花朵神秘而高雅，可用来观赏之外，她的花香更是迷人。紫罗兰的花香浓郁，在家中栽培几株紫罗兰，让她的芬芳在您的居家环境中传播，让您随处可以闻到紫罗兰的芳香，放松您的心情。保证主人一夜睡眠安好。

病虫防治

紫罗兰易发的虫害主要是蚜虫，防治时首先清除杂草来消除虫源，然后要结合药剂，可以喷施乐果、氧化乐果、敌敌畏等。

日常养护

浇水

夏季高温时，多浇水，一天浇水一次。春季浇水量减少，遵循"干透浇透的原则"。秋冬季，保持春季浇水外，还要向空气中洒水。紫罗兰浇水不可太多，要待盆土稍干后再浇水。盆土积水往往是造成植株腐烂的主要原因，若发现盆土排水不良时，应及时换盆换土。

施肥

萌芽前可施氮肥、过磷酸钙等。生长期间追肥2～3次，用腐熟人粪尿即可。日常养护时，要适当控肥，以防枝蔓徒长，并以长效磷、钾肥为主要追肥。紫罗兰施肥的原则是"薄肥勤施"，施肥和浇水可配合交替进行，在开花后如果能及时剪去花枝、施追肥、加强管理，可再次开花。

繁殖

选单瓣花为母本，从盆栽母本中采种，这样第二代的得瓣率会较多。播种前保持盆土湿润，播后盖一薄层细土，不再浇水，半个月内若盆土过干，可将一半花盆置于水中，从盆底进水润土。播种后遮阴15天左右，即可出苗。

67 薰衣草

lavandula pedunculata

唇形科薰衣草属

- 🌐 土壤：微碱性或中性的沙质土壤
- 💧 水分：不耐潮湿
- 🌡 温度：半耐热
- ☀ 阳光：喜阳光

形态特征

　　薰衣草，又名灵香草、黄香草、香草、香水植物，为唇形科薰衣草属多年生草本植物。薰衣草为丛生，植株多分枝，叶片灰白色或灰绿色，椭圆形至披尖叶，穗状花序顶生。常见品种有：狭叶薰衣草、加那利薰衣草、齿叶薰衣草、绵毛大薰衣草、绿薰衣草等等。

产地

　　原产于地中海、欧洲及大洋洲等地。现在世界各地均有栽培。

植物文化

　　薰衣草花语：等待爱情。
　　在民间有个习俗是用薰衣草来薰香新娘礼服。在婚礼上，洒洒薰衣草的小花，可以带来幸福美满的婚姻。

薰衣草植物细节

浇水

　　初春生长期，多浇水，促进植株的生长（浇水要在早上，避开阳光，水不要溅在叶子及花上，否则易腐烂且滋生病虫害）。大多数品种的薰衣草比较耐干，怕根部积水，浇水注意"干透浇透"，应结合气候环境变化并留意植株叶面状态，灵活掌握浇水频率。

施肥

　　将骨粉放在盆土内当作基肥，每三个月施一次。成株后施用含磷肥较高的肥料。薰衣草施肥不宜过多，且要施淡肥，否则香味会变淡。

繁殖

　　7月份左右，待薰衣草种子成熟时，将其草穗状花序采下，摊放在室内或有薄膜的大棚里，自然阴干。然后将小坚果和杂质分离开来。播种时，用泥炭、珍珠岩与种子配制。装在育苗盘里，喷少量水湿润一下后播种。播完后盖上薄薄的一层椰糠或蛭石，再喷一次水即可。播种后一周左右即可出土，1~2月后即可定植。

健康小偏方

原料：薰衣草花。
步骤：沸水冲泡后焖5分钟。
作用：消除肠胃胀气、助消化。

价值作用

薰衣草除了可以冲泡成茶饮外，还有健胃功能，以薰衣草调制成的酱汁尤具风味。而且其还能治疗青春痘、滋养秀发、止痛镇定、缓解神经、调节内分泌、养颜美容、安神镇静、淡化疤痕、去痘印、改善睡眠、改善女性疾病如痛经等。

绿饰应用

薰衣草优美典雅，颖长秀丽，是庭院中一种新的多年生耐寒花卉，适宜丛植或条植，也可盆栽观赏。置于室内，人睡眠时，花瓣的有效成分缓慢地散发出香气，通过口腔、咽腔黏膜和皮肤吸收药物，达到疏通气血、闻香疗病的效果，具有睡眠中养生的功效。

病虫防治

　　薰衣草易生根腐病、螨虫和蚜虫等病虫害，可在每年的7月上旬割花后，用阿维菌素、乐果乳剂喷洒，就可以达到很好的防治效果。

68 迷迭香

Rosmarinus officinalis
唇形科迷迭香属

- 🌱 **土壤**：沙质土壤
- 💧 **水分**：耐旱
- 🌡 **温度**：喜温暖
- ☀ **阳光**：喜阳光

形态特征

迷迭香，又名海洋之露，为唇形科迷迭香属灌木。茎及老枝圆柱形，皮层暗灰色，幼枝四棱形，密被白色星状细绒毛。叶常常在枝上丛生，具极短的柄或无柄，叶片线形，花萼卵状钟形，花冠蓝紫色。主要品种有：欧洲迷迭香、白鹃迷迭香、圣巴巴拉迷迭香、阔叶迷迭香、大粉红迷迭香、蓝色塞福克迷迭香、黄斑迷迭香等。

产地

原产于北非地中海沿岸、欧洲等地。现在中国各地均有引种栽培。

植物文化

迷迭香花语：回忆、思念我、回想我；请你永远留住我的爱，是忠贞、友谊和爱情的象征。在丧礼上将迷迭香放进死者的坟墓，代表对死者的怀念和敬仰。

日常养护

浇水

春秋季浇水，可每10天左右一次。夏季生长停滞时，要适当控制水分，切切让土壤积水，保持土壤湿润即可，但是需要经常向植株及周围环境喷水降温。冬季保持土壤微湿即可。浇水可按"不干不浇，浇则浇透"的原则进行，根据实际情况，盆土干了就浇水。

施肥

苗期的施肥以氮为主，以促使枝叶的生长。生长期间每半个月追施一次肥料。抽穗开花前应追施以磷为主的肥料。每次收割枝叶后，应追施一次速效的氮磷肥。冬季不施肥。

繁殖

剪取健壮枝条，每段长8~15厘米，去除下边叶片。然后插入泥炭土和聋糠灰混合的基质中，深度为插条的1/3~1/2，稍加覆盖，保持基质湿润，在温度5~20℃时，20天左右可生根。生根后及时移植上盆。盆栽时从小苗长到十几厘米，需进行3~4次摘心，以控制株高，促进多发侧枝，使株形饱满优美。

采摘下来的迷迭香

原料：迷迭香花。
步骤：沸水冲泡。
作用：消除胃胀气。

价值作用

迷迭香具有镇静安神、醒脑作用，对消化不良和胃痛均有一定疗效。外用可治疗外伤和关节炎。还具有强壮心脏、促进代谢、促进末梢血管的血液循环等作用。而且因具有独特的芳香油，大量种植加工后多用于制造香水或香皂、化妆品、脱臭剂、洗发香波、牙膏、洗涤剂等。

绿饰应用

迷迭香是一种名贵的天然香料植物，可以作为盆栽于书房、卧室、客厅等地。迷迭香的香气对细菌、病毒等致病微生物有极强的杀灭作用。而且其香浓郁并极具穿透力的香气还可有力地刺激人的呼吸中枢，促进人体吸进氧气，排出二氧化碳。同时随着香气的扩散，空气中的阳离子增多，又可进一步调节人的神经系统，促进血液循环，对失眠多梦有一定疗效。

病虫防治

迷失香易生灰霉病、根腐病、红叶螨和白粉虱等。要注意保持土壤稍干燥，并放在明亮、通风的环境中，让植物吸收足够的温度和光照，平日里还需经常观察、修剪掉病弱的株叶。

69 八仙花

Hydrangea macrophylla
虎耳草科八仙花属

- ☁ 土壤：疏松、肥沃、排水良好的沙质壤土
- ☵ 水分：喜湿润
- 🌡 温度：喜温暖
- ☀ 阳光：忌暴晒

形态特征

八仙花，又名紫阳花、绣球、粉团花等，为虎耳草科八仙花属落叶灌木。叶片纸质或近革质，叶色鲜绿，植物的枝条粗壮，呈圆柱形。萼筒倒圆锥状，与花梗疏被卷曲短柔毛。花有红、蓝、紫、粉等颜色。

产地

原产中国和日本，后被引种到英国、法国、德国、荷兰等地。

植物文化

八仙花寓意：八仙过海，各显神通，象征着团圆、健康、希望、美满、有耐力的爱情等。

浇水

春秋季节，1～2天浇一次水。夏季天气炎热，蒸发量大，除浇足水分外，还要每天向叶片喷水。秋季以后，天气渐转凉，逐渐减少浇水量。八仙花叶片肥大，枝叶繁茂，需水量较多，在生长季的春、夏、秋季，要浇足水分使盆土经常保持湿润状态。

施肥

春季，施一两次以氮肥为主的稀薄液肥，能促枝叶萌发。夏季，花前施一两次追肥，以促使花繁叶茂。秋季，花后施一次肥，促进植株安全过冬。冬季，不施肥或施以堆肥。

繁殖

在梅雨季节，剪取顶端长20厘米左右的嫩枝，剪去下部叶片，上部留2～3片绿叶，插于河沙或黄土中，植株间隔一定距离。插后及时灌水或喷水，并遮阴，保持温度在15～20℃，栽后15天即可生根，进入正常的管理养护。

病虫防治

八仙花易生萎蔫病、白粉病和叶斑病，可用代森锌可湿性粉液喷洒防治。虫害有蚜虫和盲蝽危害，可用氧化乐果乳油液喷杀。

健康小偏方

原料： 八仙花15～20克。
步骤： 水煎服。
作用： 治疟疾，心热惊悸，烦躁。

价值作用

八仙花像棉花糖和大面包一样可以食用，且能治疗肾囊风、心脏病等症。但其也是有毒植物，误食会导致呕吐、皮肤疼痛、出汗虚弱无力，甚至会出现昏迷、抽搐和体内血循环崩溃，所以服用时要谨遵医嘱。

绿饰应用

八仙花花大色美，园林中可配置于稀疏的树荫下及林荫道旁，或片植于阴向山坡。因对阳光要求不高，故最适宜栽植于阳光较差的小面积庭院中。将整个花球剪下，瓶插室内，也是上等点缀品。将花球悬挂于床帐之内，不但雅趣，更能让人心情舒畅，安心入睡。

70 连翘

Forsythia suspensa

木犀科连翘属

- ☁ 土壤：肥沃、疏松、排水良好的沙壤土
- 💧 水分：耐干旱
- 🌡 温度：耐寒
- ☀ 阳光：喜光，稍耐阴

形态特征

连翘，又名落翘、黄奇丹、黄花条、连壳等，为木犀科连翘属落叶灌木。枝条开展或下垂，叶片通常为单叶或复叶上面深绿色，下面淡黄色；叶柄无毛，花萼绿色，花冠黄色，裂片倒卵状长圆形或长圆形，主要品种有：青翘、黄翘等。

产地

主要产于中国的山东、河南、安徽、陕西、山西、湖北、四川等地。日本也有栽培。

植物文化

花开二度：初春开花的连翘又在初冬迎着凛冽寒风二度开放，寄予了人们对倒春寒美好的盼望。

病虫防治

连翘易生天牛、柳蝙蛾、蜗牛和钻心虫等病害，及时喷洒硫磷乳油或爱卡士乳油液。中龄幼虫钻入树干后，可用敌敌畏滴入虫孔。然后及时清除园内杂草，集中深埋或烧毁，枝干涂白防止受害，及时剪除被害枝。

日常养护

浇水

连翘一般不需要人工特意浇水，只需要自然雨水、露水，土壤含有水分即可，只要在特别炎热或者干旱的季节补充浇水。种下去之后的定根水一定要浇透，第二水间隔3～5天，第三水间隔10天左右，以后浇水时间逐渐延长。

施肥

春季每15～20天施一次腐熟的稀薄液肥或复合肥。秋季除正常的施肥外，还可向叶面喷施磷酸二氢钾等含磷量较高的肥料，以促使花芽的形成。夏季则停止施肥。入冬肥，落叶后施入厩肥，以确保安全越冬。连翘要注意根部施肥，肥过多，植物就只会长叶子，不会长花；肥太少，则会影响植株的生长。

繁殖

选择夏季阴雨天，将1～2年生的嫩枝中上部剪成30厘米长的枝条，然后植入土中，覆土压紧，保持土壤湿润，即可生根成活。翌年立春时移栽，间苗时每穴留两株，适时浇水。

健康小偏方

原料：连翘心6～9克。

步骤：水煎服。

作用：治疗黄疸，肠刺等病。

价值作用

连翘有抗菌、强心、利尿、镇吐等药理作用，常用连翘治疗急性风热感冒、痈肿疮毒、淋巴结结核、尿路感染等症，而且连翘的花及未熟的果实采集后用水煮20分钟，每天在早上或睡前用此水洗脸，有良好的杀菌、杀螨、养颜护肤作用。长期坚持使用，可消除面部的黄褐斑、蝴蝶斑，减少痤疮和皱纹。

绿饰应用

连翘早春开花，花开香气淡艳，满枝金黄，艳丽可爱，树桩姿态优美，有很高的观赏价值。将其置入卧室内，能够缓解神经，怡情养性，具有安神促睡眠的神奇功效，让您伴着花香入睡。

Chapter

06

增强食欲、增加
欢乐气氛的植物

餐桌是餐厅摆放植物的重点地方，餐桌
上花草视觉的美感固然重要，但最主要
的是清洁、无异味。最好还具有淡淡的
幽香，让在餐厅进餐的您和您的家人增
添食欲，提升家人的健康。

71 合欢花
Silktree Albizziae Flower
豆科合欢属

☁ **土壤**：肥沃、排水良好的沙壤土

᠗᠗ **水分**：喜湿润

🌡 **温度**：喜温暖，较耐寒

☀ **阳光**：喜阳光，稍耐阴

形态特征

合欢花，又名夜合树绒花树、鸟榕树、苦情花等，豆科合欢属落叶乔木。植株的树皮呈灰褐色，枝上带有棱角，披针形叶片较小，复叶互生。花萼、花冠外均披短柔毛，花丝粉红，有淡淡的香气。叶片白天张开，夜间合拢。

产地

主要分布在中国的华南及西南部各省区，在中亚、东亚、北美以及非洲亦有广泛分布。

植物文化

合欢花象征永远恩爱、两两相对，是夫妻好合的象征。

日常养护

浇水

春秋季，每5~7天浇一次水，保持土壤湿润。夏季，每3~5天浇一次水，防止积水。冬天少浇水。合欢花可以实行粗放管理，对水肥的要求不是很高，即使是贫瘠地区也可能生长得非常旺盛。但需要注意的是，它不喜噪音以及灰尘，因此在养殖时需要在这方面把好关口。

施肥

生长期需肥不多，施稀液肥2~3次即可，肥料不宜过多，以叶片生长健壮即可。其他时间少施肥或不施肥。

繁殖

播种于春秋进行，播前先用温水将种子浸泡一天一夜。早春萌发前进行浅盆穴播保持土壤湿润，一周左右即可出苗。幼苗期要加强喷水、庇荫、追肥水等培育管理工作，以促进幼苗生长良好。

不同品种的合欢花

病虫防治

合欢花有溃疡病危害，当病害发生时，可用喷克菌、必菌鲨、退菌特液喷洒。虫害有天牛和木虱，用煤油加敌敌畏杀天牛，木虱危害用扑虱灵、乐果乳油液喷杀。

72 榆叶梅

Amygdalus triloba

蔷薇科桃属

- ☁ **土壤：** 肥沃的中性、微碱性土壤
- ◌ **水分：** 耐旱，不耐涝
- 🌡 **温度：** 喜温暖，耐寒
- ☼ **阳光：** 喜光照，稍耐阴

形态特征

　　榆叶梅，又名鸾枝、小桃红，蔷薇科桃属灌木或小乔木。植株的枝条呈紫褐色，叶片宽椭圆形至倒卵形；花单瓣至重瓣，花色主要为紫红色；近球形的核果呈红色。主要品种有：蒙古扁桃、长梗扁桃、西康扁桃以及单瓣、重瓣、半重瓣、弯枝、截叶榆叶梅等。

产地

　　广泛分布于中国的江苏、浙江、陕西、甘肃、山东、黑龙江等省。

植物文化

　　榆叶梅花语是春光明媚、花团锦簇、欣欣向荣。

日常养护

浇水

榆叶梅喜湿润环境，也较耐干旱。浇水时注意浇足浇透，不可过湿，注意及时排水。3月初浇一次返春水，防止早春冻害，以供给植株生长所需的水分。4月浇生长水，可使植株生长旺盛，枝繁叶茂。11月浇封冻水，起到防冻的作用。

施肥

榆叶梅经早春开花、萌芽后，消耗了大量养分，此时应及时对其进行追肥，肥可以用氮、磷、钾复合肥。夏秋之际是花芽分化期，要施入磷钾肥，以利于花芽分化，有助于枝条木质化。入冬前再施一些圈肥，以提高地温，增强土壤的通透性。春夏秋这三个季节是它的生长旺季，肥水管理按照"花宝"—清水—"花宝"—清水顺序循环，间隔周期为1~4天。

繁殖

选择春秋之际当年生的粗壮枝条作插穗。把枝条剪下后，选取壮实的部位，剪成5~15厘米长的一段，每段要带3个以上的叶节。扦插时保持温度在20℃以上，然后插入准备好的基质中（基质可用河沙、泥炭、营养土的混合物）。一个月后即可生根。生根后，移栽上盆就成了一棵新的植株。

榆叶梅放大细节

健康小偏方

原料：榆叶梅枝条
步骤：水煎服
作用：治黄疸

价值作用

榆叶梅不但极具观赏价值，而且还具有药用价值。据《图潮药》记载，其枝条对小便不利有疗效，而其叶也是润燥、滑肠、下水、利水的良药。

绿饰应用

榆叶梅枝叶茂密、花繁色艳，是中国北方春季园林中的重要观花灌木。有较强的抗盐碱能力，反映春光明媚、花团锦簇、欣欣向荣的景象。制成盆景，置于室内，给人以温馨、明亮的幸福感。而且还能净化空气，带给你一个清新、温暖的家。

病虫防治

榆叶梅的病害有黑斑病、根癌病，可用代森锌、代森锰锌液进行喷雾防治。虫害有蚜虫、红蜘蛛、刺蛾等，用三氯杀螨醇、杀死乳、锌硫磷、绿色威雷等防治。

73 禾雀花

Mucuna birdwoodiana

豆科黎豆属

- ⌒ 土壤：土层深厚的沙壤土
- ⚗ 水分：喜湿润
- 🌡 温度：喜温暖
- ☀ 阳光：喜光照

形态特征

禾雀花，又名雀儿花、白花油麻藤、花汕麻藤，豆科黎豆属木质藤本植物。植株的枝条柔软而细长，其簇串状花穗，直接长在藤蔓上。禾雀花的花色众多，有淡绿色、淡紫色、奶白色、淡红色、橙色、水红色、橙色等。

产地

其主要产于中国广东的肇庆、韶关、江门、清远等地，现已遍布全国各地。

植物文化

禾雀花代表着欢乐、快乐，她的花语是脱俗的爱。

浇水

禾雀花喜欢湿润或半燥的气候环境，空气相对湿度过低时下部叶片黄化、脱落，上部叶片无光泽。春夏秋是禾雀花的生长旺季，每隔4天左右浇水一次，保持土壤湿润。冬季减少浇水，但不能干透才浇水。

施肥

春季萌芽后，要施以氮、磷、钾复合肥。夏秋，要施入磷钾肥，促进植株生长。冬季要做好禾雀花的控水工作，以提高地温，增强土壤的通透性。禾雀花肥水管理按照"花宝"—清水—清水—"花宝"—清水——清水顺序循环，间隔周期为3~7天，晴天或高温期间隔周期短些，阴雨天或低温期间隔周期长些或者不浇。

繁殖

禾雀花一般用高空压条繁殖。选取健壮的枝条，从顶梢以下一指的距离处把树皮剥掉一圈。剪取一块薄膜，上面放些淋湿的园土，把环剥的部位包扎起来，薄膜的上下两端扎紧，中间鼓起，约一个月以后就可生根。生根后，把枝条边根系一起剪下，就成了一棵新的植株。

不同品种的禾雀花

价值作用

鲜禾雀花味道甘甜可口，可作为做菜时的佐料，还可伴肉类煮汤，煎炒均美味可口；晒干的禾雀花可以药用，是一种降火清热气的佳品。

绿饰应用

禾雀花四季常青、繁花似锦，颇具观赏价值，是房间绿化的绝佳植物，它能降温增湿、净化空气、美化环境，增添生机的同时，又美化了环境，把人与自然有机地结合起来。

病虫防治

禾雀花易生蚜虫，首先要先清除杂草来消除虫源，然后要结合药剂防治，可以喷施乐果、氧化乐果、敌敌畏等防治。

74 鸡蛋花

lavandula pedunculata
夹竹桃科鸡蛋花属

土壤：肥沃、通透良好、富含有机质的酸性沙壤土

水分：耐干旱

温度：喜温暖

阳光：喜阳光充足

形态特征

鸡蛋花，又名蛋黄花、缅栀子，夹竹桃科鸡蛋花属落叶灌木或小乔木。植株的小枝肥厚多肉。叶片较大，多聚生于枝顶，叶脉在近叶缘处连成一边脉。花数朵聚生于枝顶，花冠筒状，花色为外面乳白色、中心鲜黄色。

产地

原产于墨西哥，分布在西印度群岛、委内瑞拉等地。中国各省区均有栽培。

植物文化

鸡蛋花花语是充满希望、复活，是老挝国花，广东肇庆的市花，并被佛教寺院定位"五树六花"之一。

日常养护

浇水

盛夏要求浇足水防旱，但忌涝，过湿则根基易腐烂，雨季要防止积水，以防烂根。生长期应经常向叶面喷水。冬季休眠切忌湿度过大，否则易烂根。浇水不但要防干，还要防止过湿，过干植株停止生长，过湿根基易腐烂，尤其在雨季要防止盆内积水，以防烂根。

施肥

进入生长期，每月应追施稀薄液肥1~2次。花前应施以磷为主的肥料1~2次，如肥料不足，则开花少或不开花。盆栽宜在园土、腐叶土、河沙三者等量混合的培养土中，拌入骨粉、过磷酸钙等含磷丰富的肥料作基肥。

繁殖

鸡蛋花适合扦插繁殖，春夏之际，从分枝的基部剪取25厘米长的枝条，放在阴凉通风处晾上两三天（剪口处有白色乳汁流出，需使伤口结一层保护膜再扦插，带乳汁扦插易腐烂）。插入基质土壤中，然后喷水，置于室内或室外阴棚下，隔天喷水一次，使基质保持湿润即可。插后15~20天移至半阴处，使之见弱光，3周左右即可生根，两个月后即可上盆。

健康小偏方

原料：鸡蛋花5~10克，茎皮10~15克。
步骤：水煎服。
作用：清热，利湿，解暑。

价值作用

鸡蛋花经晾晒干后可以作为一味中药，具有清热解暑、润肺、润喉咙的功效。其树皮薄而呈灰绿色，富含有毒的白色液汁，可用来外敷，医治疥疮、红肿等病症。其树干白色，质轻而软，可制乐器、餐具或家具。白色的鸡蛋花晾干可作凉茶饮料，同时花朵还可以提取芳香油，用作调制化妆品和高级香皂。

绿饰应用

端庄高雅的鸡蛋花于夏季陆续绽放，香气浓郁，沁人肺腑。可以增强人的食欲、除异味等，适于作为室内装饰性植物。

病虫防治

鸡蛋花病害有角斑病，喷洒波尔多液、代森锰锌、多菌灵等防治，虫害有红蜘蛛、白粉病、介壳虫等，可用甲基硫菌灵、三唑酮乳、扑虱灵、粉锈宁等防治。

75 翡翠珠

string of beads

菊科千里光属

- ☁ **土壤**：沙质土壤
- 💧 **水分**：耐旱
- 🌡 **温度**：喜温暖
- ☀ **阳光**：喜阳光

形态特征

翡翠珠，又名一串珠、绿之铃、一串铃、绿串株等。菊科千里光属多年生常绿草本植物。植株的茎纤细，全株被白色皮粉。叶互生，叶与叶间隔较大，肉质叶呈圆心形，肥厚多汁，色泽为深绿。能开花，花朵较小。

产地

原产西南非干旱的亚热带地区。现在中国各地引种栽培。

植物文化

翡翠珠一粒粒圆润、肥厚的叶片，似一串串风铃在风中摇曳，故有佛串珠、绿葡萄、绿之铃之美称。

可以用小盆种植翡翠珠摆在桌面欣赏

将翡翠珠栽植于小盆中置于几案，晶莹可爱，吊挂悬垂栽培典雅别致。既装饰美化了室内环境，又调节人的心情，增加美观的同时，让观赏者心情愉悦、欢快。

病虫防治

翡翠珠常受蜗牛、蚜虫、吹绵蚧和煤烟病、茎腐病等危害。一般采用杀死病原菌、施用腐熟肥料、定期喷洒一些广谱杀菌剂等方法防治。

日常养护

浇水

春季，植株进入旺盛时期，水分蒸发量大，要保证植株充分的水量。夏季，高温季节要放置阴凉通风处，以防温度过高造成腐烂，同时要减少浇水。秋季，和春季相同，不干不浇。冬季，7~10天在晴天中午温度较高时浇水。翡翠珠浇水的原则是"间干间湿，干要干透，不干不浇，浇就浇透"，浇水时避免弄湿植株。

施肥

上盆时撒上一层充分腐熟的有机肥料作为基肥。春季，可用腐熟的牛粪与椰糠配制而成，或疏松的腐叶土亦可。秋天，追施液肥。夏季，肥水管理按照"花宝"—清水—清水—"花宝"—清水—清水顺序循环。冬季不施肥。

繁殖

剪下8~10厘米的插穗，沿盆边一周排列斜插在土壤中，留4~5厘米的插穗插在盆中心用土压。将盆放置通风透光的窗口，浇水保持潮湿，每隔几天浇一次，15天左右即可生根。

76 一品红

Euphorbia pulcherrima Willd

大戟科大戟属

- ☁ **土壤**：肥沃、疏松的混合土壤
- ◌◌ **水分**：喜湿润
- 🌡 **温度**：喜温暖
- ☀ **阳光**：喜阳光

形态特征

一品红，又名圣诞花、圣诞红、象牙红、老来娇、猩猩木，为大戟科大戟属常绿灌木，茎干表面光滑，嫩枝为绿色，老枝深褐色。杯状聚伞花序，鲜红色的花苞呈叶片状，色泽艳丽。主要品种有：金奖、旗帜、阳光、重瓣一品红、斑叶一品红、胜利红等。

产地

原产于中美洲墨西哥塔斯科地区，广泛栽培于热带、亚热带。中国大部分省区市均有栽培。

植物文化

一品红花语：我的心正在燃烧。

它是代表圣诞节的最佳花朵，又称"圣诞红"，常作为婚宴装饰，温馨而又热闹，感觉就像是在寒冷的冬日点燃了一盆温暖的炉火一样。

不同品种的一品红

日常养护

浇水

梅雨季节及夏天阵雨时，要防止盆内积水，雨后要及时侧盆倒水，或者雨前连盆将其移到室内。夏季天气炎热，每天早晨浇足水，傍晚如发现盆土干燥，应补充浇水一次，水量可以少些。春秋季节一般1~2天浇水一次，具体看天气与盆土干湿而定。浇水要注意均匀，防止过干过湿，否则会造成植株下部叶子发黄脱落，或枝条生长不均匀。

施肥

上盆2~3周后可施些液肥，用腐熟人粪尿及黄豆水均可。生长开花季节，每隔10~15天施一次稀释的腐熟麻酱渣液肥。入秋后，还可用0.3%的复合化肥，每周施一次，连续3至4次，以促进苞片变色及花芽分化。

繁殖

于3~5月剪取一年生木质化或半木质化枝条作插穗，长度10厘米左右为宜。剪除插穗上的叶片，切口蘸上草木灰，待晾干切口后插入细沙中，深度约5厘米。充分灌水，并保持温度在20℃以上，一个月左右即可生根。

价值作用

一品红性凉，味道苦涩，有调经止血、活血化瘀、接骨消肿的功能。另外，一品红的汁液有毒，摘心、扦插时切勿接触，以避免引起皮肤的不适。

绿饰应用

一品红的叶片入冬后就会变为耀眼的红色，花期从十二月可持续至来年二月，正值圣诞、元旦、春节期间，非常适合节日的喜庆气氛。而且其对过氧化物和硝酸酯敏感，可以有效感应室内空气的变化。

病虫防治

一品红主要有真菌引起的茎腐病、灰霉病和细菌引起的叶斑病等，除了定期喷施杀菌剂外，还要在温室中做好通风换气、降低湿度等辅助工作来减少病原。虫害有白粉虱，可以用杀虫剂来喷施或灌根。

77 木棉花

Bombax ceiba
木棉科木棉属

- 土壤：沙质土或黏重土
- 水分：喜湿润
- 温度：喜温暖
- 阳光：喜光

形态特征

木棉花，又名吉贝，烽火斑芝树，英雄树，攀枝花等，木棉科木棉属落叶乔木。植株的树干直立生长，树干上有明显瘤刺；掌状复叶互生，叶柄很长；花簇生于枝端，花冠红色或橙红色，蒴果较大，呈长圆形，成熟后会自动裂开，里头充满了棉絮。

产地

原产于印度，现在中国广州、深圳、厦门等地广泛种植。

植物文化

木棉花花语是珍惜身边的人，身边的幸福。传说鲜红的花是用英雄的血染成的，又被称为英雄树。

日常养护

浇水

夏季高温时，可1~2日浇水一次。春季浇水量减少，遵循"干透浇透的原则"。秋冬季，遵循春季浇水的方式，土壤稍湿润。

施肥

苗期施氮肥2~3次。10月份以后，停施氮肥，施钾肥一次，促使早期木质化。木棉花对肥力的要求不高，一般肥力中等、磷钾肥较高的土壤就能使开花繁茂、色泽鲜艳，氮肥较高的土壤能使枝叶繁茂、开花较多，但色泽欠鲜艳。

繁殖

采集成熟的果实在阳光下暴晒，开裂出的种子储藏至翌年春播。播前用温水浸种，冷却后继续浸泡一天。播种后3天左右即可发芽，一年生苗可出圃定植。

健康小偏方

原料：木棉根或树皮30克，刺刁6克。
步骤：水煎服。
作用：治疗胃痛。

价值作用

木棉的根、茎抽取物可用作收敛剂、镇痛剂等，它的汁液可用以治疗痢疾，它的根皮、茎皮和刺，磨成粉制成药膏可用来治疗粉刺。将花晒干后，还可以用来泡茶、做菜、煲汤，木棉陈皮粥、木棉鲫鱼汤、木棉菌菇、木棉三花饮均有良好的食疗作用。

绿饰应用

木棉花树形挺拔、木质坚韧，花开时火红热烈无需丝毫绿叶的衬托，花期一过绝然落土不容半点凋零的颓势，花朵入食却又能清热解毒给人温淳的关怀。

病虫防治

木棉花易生桤木叶甲、黄连木尺蛾幼虫等。可人工捕杀，危害面积较大时选用敌敌畏、杀螟松、亚胺硫磷、杀虫脒液等喷洒防治。

Chapter

07

驱逐蚊虫
的植物

生活中我们经常受到蚊虫的困扰，而
以下介绍的这些植物都有"能力"驱
赶蚊虫，而且适合于家中种植，喜欢
园艺的你不妨在家中种上一盆。

🌥 **土壤：** 肥沃的沙质壤土或腐殖质壤土
💧 **水分：** 喜湿润，也耐干旱
🌡 **温度：** 喜温暖，不耐寒
☀ **阳光：** 喜阳光，稍耐阴

形态特征

罗勒，又名圣约瑟夫草、甜罗勒、兰香、九层塔、金不换等，唇形科罗勒属一年或多年生草本植物。植株的茎多分枝且直立生长，叶呈卵圆形至卵圆状长圆形，总状花序顶生于茎、枝上，花萼钟形，花柱超出雄蕊之上，小坚果卵珠形。主要品种有：斑叶罗勒、矮生罗勒、柠檬罗勒、紫罗勒、茴香罗勒、皱叶罗勒、桂皮罗勒等等。

产地

原产于美洲、非洲及亚洲热带地区，中国各省市均有栽培。

植物文化

罗勒与香蜂草搭配，是著名的"快乐组合"；与天竺葵搭配，有相当强效的呵护作用，对于受创的身心有奇效；与橙花搭配，属于最上乘的身心协助与照料配方。

浇水

春秋天，4~6天浇一次水，保持土壤湿润。夏季2~4天浇一次水，防止积水。冬天移入室内，控制浇水。罗勒可以实行粗放管理，对水肥的要求不是很高，即使是贫瘠地区也可能生长得非常旺盛。

施肥

生长期需肥不多，施稀液肥2~3次即可，肥料不宜过多，以叶绿生长健壮即可。其他时间少施肥或不施肥。

繁殖

播种于春秋进行，播种要选择晴天上午进行，将营养土装入播种盘内。然后用温水浇透，将出芽的种子均匀播于盘内，上面覆厚药土，盖上塑料薄膜，保温保湿。半个月左右出苗，苗高10~15厘米时带土移栽于大田，移栽后踏实浇水。

罗勒细节

健康小偏方

原料：罗勒15~25克。
步骤：鲜品捣烂敷或煎水洗患处。
作用：治疗跌打损伤、瘀肿。

价值作用

罗勒全株均可入药，有治疗头痛、耳痛、支气管炎、伤风感冒、胃痛、消化不良、肌肉酸痛、皮肤松软、减轻压力的作用，还能防虫咬伤。茎叶为产科用药，可使分娩前血行良好；种子主治目翳，并用于避孕。

绿饰应用

罗勒叶色翠绿、花色鲜艳、芳香四溢。可盆栽供人观赏，成为美丽的盆景。植入室内，不但清新空气，而且其具有强大、刺激、香的气味，在夏天驱赶蚊虫，还您一个舒适的家。

病虫防治

罗勒的病害有黄蚁，用敌百虫、敌敌畏液喷杀。虫害有蚜虫和金龟子，蚜虫可喷洒亚胺硫磷；金龟子可喷洒亚胺硫磷液。

79 七里香

Murraya paniculata (L.) Jack.

芸香科九里香属

⛅ **土壤**：疏松、肥沃、排水良好的沙质土壤

💧 **水分**：喜湿润

🌡 **温度**：喜温暖，耐寒

☀ **阳光**：喜光照

形态特征

　　七里香，又名月橘、十里香、石松，芸香科九里香属常绿或落叶灌木。全株光滑无毛，叶互生，奇数羽状复叶，小叶3～7枚，呈卵形至倒卵形，表面有光泽。花序伞房状，顶生或腋出，萼瓣各5片，花冠白色；浆果球形，成熟后深红色。

产地

　　主要产于热带、亚热带地区。在中国则主要集中在南部区域。

植物文化

　　七里香花香浓郁，能传扬甚远，故有七里香、十里香乃至千里香之名。

日常养护

浇水

春、夏、秋三季，这三个季节是它的生长旺季，肥水管理按照花宝—清水—花宝—清水顺序循环，间隔周期为3～7天，晴天或高温期间隔周期短些，阴雨天或低温期间隔周期长些或者不浇，冬季少浇水或不浇。

施肥

春夏两季，施用2～4次肥水，在根颈部以外开一圈小沟（植株越大，则离根颈部越远），沟内撒进有机肥，或者复合肥、化肥均可，然后浇上透水。入冬以后开春以前，照上述方法再施肥一次，但不用浇水。

繁殖

选用当年采收的籽粒饱满、没有残缺、没有病虫害的种子。用温热水把种子浸泡12～24小时，直到种子吸水并膨胀起来。把种子一粒一粒地粘放在基质的表面上，覆盖基质1厘米厚，然后把播种的花盆放入水中，水的深度为花盆高度的1/2～2/3，让水慢慢地浸上来。

七里香开花

健康小偏方

原料：鲜七里香30克。
步骤：酒、水煎服。
作用：治疗风湿痹痛、跌打损伤、扭伤。

价值作用

七里香的花、叶、果均含精油，精油可用于化妆品香精、食品香精；叶可作调味香料；枝叶入药，有行气止痛、活血散瘀之功效，可治胃痛、风湿痹痛，外用则可治牙痛、跌打肿痛、虫蛇咬伤等。

绿饰应用

七里香外形优美，叶片有光泽，可庭栽或盆栽观赏，为陋室增加美感。摸其叶片，会感到浓浓的甜香味，驱蚊效果很好。

病虫防治

七里香常发的病虫害有蚧壳虫中糠蚧和吹棉蚧。用吡虫啉或吡虫啉的改良剂，如万里红、顶红等，其效果较好。

⌒ 土壤：疏松、肥沃的土壤

◊◊◊ 水分：喜湿润

🌡 温度：喜温暖

☼ 阳光：喜阳光充足

形态特征

夜来香，又名夜兰香、叶香花，萝藦科夜来香属藤状灌木。叶对生，呈宽卵形、心形至矩圆状卵形，叶色为绿色。肉质花冠有5裂，短于花药。蓇葖果披针形，外果皮厚。种子宽卵形，顶端具白色绢质种毛。主要品种有：华南、台湾、卧茎夜来香等。

产地

主要分布在亚洲热带、亚热带，以及欧洲、美洲等地区。中国在华南各省广泛种植。

植物文化

夜来香的花瓣与一般白天开花的花瓣构造不一样，夜来香花瓣上的气孔有个特点，一旦空气的湿度大，它就张得大，气孔张大了，蒸发的芳香油就多。

浇水

4~5月隔天浇水一次。6~8月每天浇水一次。9~10月隔天浇水一次，分别在早晨和晚上浇，不要在中午浇水。如果是幼苗，每天还应该向叶面喷水1~2次。换盆后要保持盆土的湿润，但盆中排水要通畅，不要存积水，否则容易烂根，发现嫩叶稍有下垂，要及时浇水。

施肥

生长过程中，应每隔10~15天施一次液肥。4月下旬开始每半个月施一次稀薄液肥。5月中旬起即可保证不断开花，施用春泉或惠满丰等高效腐殖酸液肥，效果更好。

繁殖

春季扦插，可以在枝条刚刚萌动但还没有发叶之前进行，剪取壮实枝条，截成长10~20厘米的插穗。然后剪去枝条上部的嫩梢，把叶片全部摘去，或只留下1~2片叶子，然后插入基质中，深度大概为插穗长度的1/2即可，最后浇透水，用塑料薄膜盖好盆口并绑扎严实，搬到阴棚下或大树浓荫中。一个月左右长出根系，可将其移栽到花盆中正常管理。

不同品种的夜来香

原料：夜来香花、叶1~10克。
步骤：水煎服。
作用：清肝，明目，去翳，拔毒生肌。

价值作用

夜来香花、叶、果等可以用于急慢性结膜炎、角膜炎、角膜翳、麻疹引起的结膜炎等病症；叶子外用，治疗溃疡疖脓肿、脚臁外伤糜烂；还可以食用，与鸡蛋或肉类烹炒作为美味佳肴。

绿饰应用

夜来香可盆栽，植入室内供观赏。每逢夏秋之际，它的叶子就会绽开一簇簇黄绿色的吊钟形小花，当月上树梢时，它即飘出阵阵清香，这种香味令蚊子害怕，是驱蚊佳品。但是患有高血压或心脏不好的人，如果长期处于夜来香的浓郁香味中，容易出现呼吸道难受的情况；正常人长时间闻此香会出现头痛、咳嗽、失眠等症状，所以夜来香在盛花期间不宜放在室内。

病虫防治

危害夜来香的虫害主要有螨类和介壳类，病害有枯萎病。防治螨类可采用抗螨乳油、克螨特液等。防治介壳虫，可用乐果乳剂液。防治枯萎病，可采用枯萎立、多菌灵液等。

天竺葵

Pelargonium hortorum
牻牛儿苗科天竺葵属

🌥 土壤：沙质土或黏重土

💧 水分：喜湿润

🌡 温度：喜温暖

☀ 阳光：喜光

形态特征

天竺葵，又名洋绣球、入腊红、石腊红、日烂红、洋葵、洋蝴蝶。牻牛儿苗科天竺葵属多年生草本花卉。叶掌状有长柄，叶缘多锯齿，叶面有较深的环状斑纹。花冠通常5瓣，花序伞状，长在挺直的花梗顶端。品种有：香叶天竺葵、家天竺葵、盾叶天竺葵、马蹄纹天竺葵等。

产地

原产于南非，广泛分布于欧洲。引进中国后被广泛推广到各省市。

植物文化

天竺葵花语是偶然的相遇，幸福就在你身边；粉红色天竺葵的花语是很高兴能陪在你身边；红色天竺葵的花语是你在我的脑海挥之不去。

不同品种的天竺葵

日常养护

🪣 浇水

生长初期，控制浇水，可半个月一浇，以盆土偏干为宜；现花蕾后，增加浇水量，可7~10天浇一次水，保持盆土湿润；休眠期要使盆土干而不燥，适当浇水，可一个月浇一次水，忌积水。浇水应掌握"不干不浇、浇要浇透"的原则。

🌿 施肥

早春、秋、冬增施磷、钾稀释液肥，盆土要保持湿润，切忌浓肥、高湿。施肥过量，特别是氮肥过量，易引起枝叶徒长，不开花或开花稀少，花质差。但施肥不足或不施肥，也会影响植株正常生长和开花。

🌱 繁殖

选用插条长10cm，以顶端部为好，剪除叶片近叶尖部分，剪取插条后，让切口干燥数日，形成薄膜后再插于沙床中，注意切勿损伤插条茎皮，否则易腐烂。插后置于半阴处，保持室温13~18℃。14~21天可生根，根达到3~4厘米时可盆栽。

天竺葵可入药，具有止痛、抗菌、除臭、止血、补身的作用。适用所有皮肤，有深层净化和收敛效果，平衡皮脂分泌。其天竺葵精油可促进胸部的发育以及提升乳腺，防治乳腺增生。

绿饰应用

天竺葵花色多样，群花密集如球，花期长，盆栽可作室内外装饰。装点在您的卧房可增添玫瑰花园般的气质，同时也能提供荷尔蒙调节、刺激淋巴排毒，并可平衡皮肤油脂分泌，更是一种芳香的驱虫剂。

病虫防治

天竺葵多发细菌性叶斑病，预防措施是保持植株通风透光，避免湿度过高，发病后要及时处理病枝、病叶、病土，进行剪除、消毒，每隔10~15天喷施一次波尔多液进行预防。

82 碰碰香

Plectranthus hadiensis var.
tomentosus
唇形科马刺花属

- 🌥 土壤：疏松、排水良好的土壤
- 💧 水分：不耐水湿
- 🌡 温度：喜温暖，怕寒冷
- ☀ 阳光：喜阳光充足

形态特征

碰碰香，又名绒毛香茶菜，唇形科马刺花属灌木状草本植物。植株具有蔓性，其茎枝呈棕色，嫩茎则绿色或泛红晕。叶卵形或倒卵形，叶片表面光滑，叶边缘有些疏齿。全株被有细密的白色绒毛。伞形花瓣，花有深红、粉红、白色、蓝色等。

产地

原产于欧洲、非洲和西南亚地区，中国亦有栽培。

植物文化

平时碰碰香会发出微弱的香味，只是这种香味较淡不容易被人察觉，当它的叶片受到触碰时，这种香味变浓了，人们才觉得它一碰就香。

日常养护

浇水

盛夏要求浇足水防旱，但忌涝，过湿则根基易腐烂。夏季过后，一定要少浇水，一般要看叶子萎蔫了才浇水，否则易徒长。冬季休眠，切忌湿度过大，控制浇水。碰碰香不耐潮湿，过湿则易烂根致死。土壤要见干见湿，阴天应减少或停止浇水、施肥。

施肥

换盆换土时在基质中加入腐熟的有机肥粉末。生长期间，每月一次稀薄的肥水代替清水浇灌于盆土中，可令其生长正常而不产生肥害。施用固态的肥料应增加些浇水次数，以冲淡盆土中临时的肥料浓度，避免肥害。化学肥料固态者需要稀释为液态后施用，也可直接少量埋于盆土中并浇水，一定不能直接接触根系；液态肥料用清水稀释后浇灌即可。

繁殖

先把扦插枝最下端快刀剪个斜角，放在通风处3~5天，然后把它插在沙子或者珍珠岩含量较高的消毒土里。浇透水，放在明亮通风处，忌阳光直射，等土干了，早晚在花盆周围喷点水汽，增加空气湿度，一个月左右即可生根。

健康小偏方

原料：碰碰香。
步骤：打汁加蜜生食。
作用：缓解肠胃胀气及感冒。

价值作用

碰碰香叶片可以泡茶、泡酒，奇香诱人。亦可烹饪、煲汤、炒菜、凉拌皆可。捣烂后外敷还可以消炎消肿，并可保养皮肤。

绿饰应用

碰碰香植株低矮、叶片翠绿、造型小巧可爱，具有良好的观赏价值，适合摆放在窗台、案几、书桌等地方，是美化室内环境的优秀盆栽，因触摸后就可以散发出令人舒适的香气而得到"碰碰香"称呼。碰碰香的香味浓甜，接近苹果味道，闻起来神清气爽，所以有苹果香的美誉，具有提神醒脑，驱避蚊虫的效果。

病虫防治

碰碰香病虫害较少，土壤过湿常发生叶斑病和茎腐病，要及时防治。在通风良好、浇水适度的情况下极少产生病害。

83 猪笼草

Nepenthes sp.
猪笼草科猪笼草属

🌥 土壤：酸性、低营养的土壤
💧 水分：喜湿润
🌡 温度：喜温暖
☀ 阳光：明亮的散射光

形态特征

　　猪笼草，又名猪仔笼、雷公壶、水罐植物、猴水瓶、猴子埕等，猪笼草科猪笼草属多年生藤本植物。植株的茎木质或半木质化，攀援生长；叶片呈长椭圆形；总状花序，雌雄异株，花小而平淡；果为蒴果，成熟时开裂散出种子。品种有：绯红、戴瑞安娜、绅士、宝琳、红灯、米兰达猪笼草等。

产地

　　主要分布于东南亚一带，从中国南部经东南亚多地至澳大利亚北部都有分布。

植物文化

　　猪笼草被人们誉为"奇异的水滴"和"神奇的蒸馏植物"。猪笼草的笼子是一种变态叶，因此它像其他植物的叶子一样也会衰老枯死。

浇水

猪笼草通常较不喜欢过度潮湿而不透气的栽培基质，在种植猪笼草时，需要时刻保持土壤的潮湿。基质以不能挤出水且松散为宜，因此采用浇水的方式会比较适合猪笼草。不过仍然可用浸水法来供水，只是需要改良栽培基质的透气性，增加大颗粒栽培基质的比例，以免栽培基质过湿。

施肥

猪笼草是一种食虫植物，它们已经有通过捕捉昆虫或小型动物来获得营养素的能力。栽培在室外的猪笼草通常能自行捉到昆虫。在室内栽培时，可以改为对猪笼草施肥以补充养分，但绝对不可将非缓释肥料直接施用到土中。将稀释好的肥料以喷雾器均匀地喷洒在整株猪笼草上。除了喷施叶面肥之外，还可以用缓效肥。可直接将其投入猪笼草的捕虫笼内或混入基质内供给猪笼草养分。

繁殖

选择切下带有芽点的枝条，切口要平整。将枝条插入土中，并使芽点露在土壤的上面。将插到栽培基质中的枝条放置在高湿度、光线明亮处，但不可阳光直射。若扦插成功，最顶端的芽点上便会产生一个小突起，随着时间日渐膨大，而成一个新芽；等到新芽产生2～3片叶子后，可视需要进行移植，环境湿度也可逐渐降低。

不同品种的猪笼草

价值作用

中药材中的雷公壶原植物为猪笼草属中的奇异猪笼草。植株入药，具有清肺润燥、行水解毒的功效。可治疗肺燥咳嗽、百日咳、黄疸、胃痛、痢疾、虫咬伤等病症。

绿饰应用

猪笼草奇特、美丽，观赏价值很高，适合用吊盆栽种，使其捕虫囊自然下垂，显示出特别的风采。可吊挂在各种阳台、走廊、室内靠近窗边处或庭园树上以供观赏，其散发出的特殊气味，能将蚊子、苍蝇等吸进它的"笼子"中，再将猎物消化享用。

病虫防治

猪笼草易得叶斑病、根腐病、日灼病等。可喷施抗菌剂、立枯净、根腐灵、多福锌、凯素灵、速扑杀、爱卡士等防治。

84 食虫草

Drosera indica L.
茅膏菜科茅膏菜属

- ☁ 土壤：疏松、肥沃的腐叶土或泥炭土
- 💧 水分：喜湿润
- 🌡 温度：喜高温
- ☀ 阳光：喜阳

形态特征

食虫草，又名猴子埕、水罐植物、猴水瓶等，茅膏菜科茅膏菜属一年生草本植物。植株无球茎，茎上被短腺毛；线形叶互生，叶色淡绿色或红色；扁平花白色、淡红色至紫红色；蒴果倒卵球形，黑色种子细小，种皮脉纹加厚成蜂房格状。

产地

主要分布在亚非洲及大洋洲的热带、亚热带地区，在中国的沿海岛屿分布广泛。

植物文化

食虫草在叶的前端长有奇特的捕虫器，受花的甜香的吸引，昆虫很愿意落在叶瓣上，也就落进了"囚笼"。

日常养护

浇水

使用低矿物质浓度的水源，生长季节可保持基质较高湿度。适合采用盆垫底部供水，植株不宜经常喷水，以免使腺毛的"露珠"难以形成。休眠期需干燥些，但不能干透，防止烂根。

施肥

生长季节，使用通用复合肥等稀释喷施叶面，每月1~2次。施肥宁可薄肥勤施，切勿浓度过高，以免造成肥伤甚至肥死的严重后果。最好不要采用投喂食物的方法提供养分，以免影响观赏性。

繁殖

播种繁殖在室内进行，保持温度在15℃以上。将细小的种子固定在吸水纸上，一个红圈内有一粒种子，播种前将种子连同吸水纸一起剪下，用尖嘴镊子夹住吸水纸，摆放在基质表面。播后基质要经常保持湿润，可用细雾喷水，也可从盘底浸水，用水要经消毒，消毒剂可用强氯净或百毒杀，播后和幼苗期都不宜强阳光照射，1~2个月即可出苗。

价值作用

食虫草其毒性为全草有毒，叶面上的水浸液触及皮肤，可引起灼痛、发炎；家畜误食可出现氢氰酸中毒症状。球茎局部外敷，有止痛作用，可治风湿和跌打伤，但久敷易起泡。口服后有耳鸣、思睡现象。

绿饰应用

食虫草美丽的叶笼具有极高的观赏价值。用它点缀客厅花架、阳台和窗台，或悬挂于庭园树上和走廊旁，优雅别致、趣味盎然。其释放出的香甜味道可以吸引昆虫，只要有小蚊虫落在上面便被黏住并开始释放消化酶消化食物。之后，虫子尸体被其慢慢消化作为其生长营养。若有灰尘粘落上面，数天后也被消化得无影无踪，盆栽摆放在家中捉蚊又吸尘。

病虫防治

幼苗生长较慢应注意防病，可用多菌灵可湿性粉剂定期喷雾，并防止雨淋。

85 马缨丹

Lantana camara L

马缨丹科马缨丹属

- 土壤：疏松、肥沃的土壤
- 水分：喜高湿
- 温度：喜高温
- 阳光：喜阳

形态特征

马缨丹，又名土红花、龙船花、臭草、如意草、广叶美人樱等，马缨丹科马缨丹属多年生常绿半蔓性灌木。植株的小枝呈四棱形；叶对生，两面均被有短硬毛；头状花序呈伞房状排列，花色变化大。有黄、橙黄、红、粉红等色。

产地

原产于热带美洲，中国引种栽培，华南地区的荒郊野外多有大片野生分布。

植物文化

马缨丹的花语是家庭和睦。

日常养护

浇水

夏季生长期保持盆土湿润，避免过分干燥，并注意向叶面喷水，以增加空气湿度。春秋季，2~3天浇水一次，冬季植株休眠，节制浇水。初期浇水以促进生长，待成活生长旺盛后，即可减少灌水。

施肥

夏季生长期每隔10天需施一次稀薄腐熟的饼肥水或稀薄人粪尿水。花后及时施肥用尿素进行根外追肥1~2次，才能使其开花不断。冬季停止施肥。

繁殖

扦插多于5月份进行，取一年生枝条作插穗，每两节成一段，保留上部叶片并剪掉一半。下部插入土壤，置于树荫下养护并经常喷水。一个月左右即生根，并生发新的枝条。

健康小偏方

原料：马缨丹叶。
步骤：捣敷或煎水洗。
作用：治疥癞毒疮，跌打止血。

价值作用

马缨丹的根、花、叶都可作药用。具有消肿解毒、祛风止痒的作用。治疗筋伤、皮炎、湿疹瘙痒、感冒风热等病症。

绿饰应用

马缨丹适宜盆栽和庭园布置，而且其枝叶与花朵能挥发出一种让蚊蝇敏感的气味，具有很强的驱逐蚊蝇功效，但对人体无任何伤害。

病虫防治

马缨丹易生白粉虱，可喷施蓟虱净、啶虫脒等防治。

86 清香木

Pistacia weinmannifolia
漆树科黄连木属

- 土壤：土层深厚，肥沃
- 水分：喜湿润，忌积水
- 温度：喜温暖
- 阳光：喜阳光充足

形态特征

清香木，又名香叶子、细叶楷木，漆树科黄连木属灌木或小乔木。复叶互生，叶片呈长圆形或倒卵状长圆形；花序腋生，与叶同出，被有黄棕色柔毛和红色腺毛；紫红色花朵较小。

产地

主要分布在中国和缅甸地区。中国主要集中于西藏、云南、贵州、四川、广西等地。

植物文化

清香木的成年植株树干花纹色泽美观、材质硬重，树干砍下干透后稳定性更好，可代替进口红木制作乐器、家具、木雕、工艺品等。

浇水

清香木的浇水应坚持"不干不浇，浇则浇透"的原则，不要长期湿涝或托盘长期有积水，更不可浇水只浇表皮水，一定要浇透，清香木浇水不要太勤，3~5天一次为宜。

施肥

幼苗尽量少施肥甚至不施肥，避免因肥力过足，导致苗木烧苗或徒长。

繁殖

春秋皆可扦插。在树木休眠时期，选取壮年母树1年生健壮枝，截成10~15厘米长的插穗，扦插基质选择通透性好、持水量中等的。扦插时，插穗插入土壤2/3左右。插后覆盖塑料薄膜，提高空气湿度，生根前要精细管理，45天左右开始生根。

播种繁殖春秋皆可，一般秋播发芽率比春播要高。播种前，将精选好的种子置于温度在20℃左右温水中，浸泡一天左右，种子吸水膨胀，捞出置暖湿条件下催芽。

小盆栽清香木

价值作用

清香木以叶、树皮入药，具有消炎解毒、收敛止泻的功效。其树脂有固齿、祛口臭的作用。鲜叶捣成泥状敷面，可使粗大毛孔收缩、绷紧而减少皱纹，使皮肤显出细腻的外观。清香木入药还能有效清除活性氧，具有综合美白效果。

绿饰应用

清香木全株具浓烈胡椒香味，枝叶青翠适合作整形、庭植美化、绿篱或盆栽，有净化空气，驱避害蚊蝇作用。

病虫防治

清香木枝叶上有介壳虫、红蜘蛛等危害，可喷施杀扑磷、毒死蜱等防治介壳虫，喷施三氯杀螨醇、尼索朗等防治红蜘蛛等。

87 蚊净香草

Saivia

天竺葵科天竺葵属

- ☁ 土壤：富含有机质的肥沃土壤
- ◌ 水分：怕过湿、积水
- 🌡 温度：喜温暖
- ☀ 阳光：喜阳，忌直射

形态特征

蚊净香草，又名驱蚊树、驱蚊香草，天竺葵科天竺葵属多年生观叶植物。植株高一米左右，叶片肥大深绿。叶互生，叶片边缘有波形的钝锯齿，叶面光滑，未见有柔毛，叶气孔大而密布于叶片。花色丰富，种类繁多，有深红、大红、桃红、玫瑰红、粉红、白等色。

产地

原产于非洲南部，在世界各国逐渐推广开来，中国各省市亦有广泛栽培。

植物文化

蚊净香草可散发柠檬香味，温度越高散发香气越多。适当向植株喷水雾，可使香茅醛物质源源不断释放，从而使驱蚊效果更佳。

日常养护

浇水

每次换盆后应浇一次透水。春季是植株生长旺盛期，2～3天浇水一次。夏季高温应少浇水，4～6天浇水一次。浇水要讲究间干间湿的原则，过湿会导致烂根；太干则停止生长，叶子枯黄。

施肥

蚊净香草施肥应掌握"薄肥勤施"的原则，15～20天施一次肥，以氮、磷肥为主。以土壤施肥为主，不要叶面追肥，以免影响香茅醛的释放，或受到药害。夏季高温不施肥。

繁殖

于每年中秋前后将蚊净香草侧枝剪下，剪成长5厘米小段。将准备好的枝条用引哚乙酸浸15分钟，然后斜插于蛭石或河沙苗床上，用薄膜和遮阳网覆盖。每天喷水3～5次，10天左右即可生根，20天新生芽长到一指长左右即可上盆移植。

健康小偏方

原料：蚊净香草。
步骤：沸水冲泡。
作用：清热解毒。

价值作用

蚊净香草的叶片可放白糖冲茶早晨凉饮，对鼻出血、吐血、女性月经经常不干患者具有一定疗效。

绿饰应用

蚊净香草叶形、株形美丽，姿态优雅，且茎部柔韧，易于造型，也可制成盆景供观赏。驱蚊的同时，还可美化居室，净化室内空气，去除居室异味，安神醒脑，提高睡眠质量，是名副其实的多功能神奇植物，且对人体无任何毒副作用，环保特点十分突出。

病虫防治

蚊净香草易生蛴螬、蝼蛄等症，蛴螬可用辛硫磷浇灌根部；蝼蛄则在翻耕或上盆时捡拾消灭，也可用敌百虫拌麦麸，于傍晚撒在幼苗基部诱杀。

88 使君子
Quisqualis indica
使君子科使君子属

- 🌥 土壤：肥沃、疏松的土壤
- 💧 水分：喜湿润
- 🌡 温度：喜温暖，怕霜冻
- ☀ 阳光：耐阴

形态特征

使君子，又名留求子、冬均子、病柑子、五棱子、索子果，为使君子科使君子属落叶攀援状灌木。幼枝被棕黄色短柔毛。顶生穗状花序组成伞房状花序，种子为白色，圆柱状纺锤形。主要品种有：建使君子、川使君子、史君子等等。

产地

分布于印度、缅甸至菲律宾，在中国主产于四川、福建、广东、广西等地。

植物文化

使君子始载于《南方草木状》："形如栀子，棱瓣深而两头尖，似诃梨勒而轻，及半黄已熟，中有肉白色，甘如枣，核大。治婴孺之疾。"

日常养护

浇水

夏天，1~2天浇水一次，不要让土壤变干，定期向植株喷水，保持空气湿润。春秋两季4~7天浇水一次。冬季可酌量减少浇水的次数和量，保持土壤稍湿润即可。

施肥

定植后1~2年，每年施追肥2~3次。进入结果期后，在萌芽时及采果后各追肥一次。

繁殖

分株繁殖：3月份，选取健壮母株的萌蘖移栽。扦插繁殖：有枝插法和根插法。枝插法，选择春秋季节，剪取1~2年生健壮枝条作插条，插条斜插于苗床上，在次年移植。根插法，开春时，将距离主根30厘米以外的部分侧根切断挖出，选径粗一厘米以上的剪成长约20厘米的插条，扦插于苗床，一年后移植。

价值作用

使君子果实外形像小杨桃状，是一种中药，可驱蛔虫，但种仁具微毒性，生吃大量种仁，常发生头痛、眩晕、恶心、呕吐、出冷汗、手脚冰冷等症状，严重时有抽搐、呼吸困难、血压下降等病症，所以不熟悉药性的人请勿随意采食。

绿饰应用

使君子花色艳丽，叶绿光亮，被誉为"花中君子"，是园林观赏的好树种。花可做切花用。而且因其具有很好的驱虫效果而受到人们的喜爱，在全国各地广泛种植。

病虫防治

使君子病害有立枯病，防治方法是播种前将苗床用五氯硝基苯粉剂消毒，发病初期用波尔多液喷雾防治。虫害有褐天牛，发生期可用棉花蘸浸敌敌畏液塞虫孔毒杀幼虫，或用敌百虫液喷杀。